Cicero Urbanetto Nogueira
Richard Alberto Rodríguez Padrón
Antonio Luiz Fantinel

Produção Sustentável de Energia

Cicero Urbanetto Nogueira
Richard Alberto Rodríguez Padrón
Antonio Luiz Fantinel

Produção Sustentável de Energia

Utilização de Sistemas Fotovoltaicos e Eólicos na Irrigação Agrícola

ScienciaScripts

Imprint
Any brand names and product names mentioned in this book are subject to trademark, brand or patent protection and are trademarks or registered trademarks of their respective holders. The use of brand names, product names, common names, trade names, product descriptions etc. even without a particular marking in this work is in no way to be construed to mean that such names may be regarded as unrestricted in respect of trademark and brand protection legislation and could thus be used by anyone.

Cover image: www.ingimage.com

This book is a translation from the original published under ISBN 978-620-2-05316-7.

Publisher:
Sciencia Scripts
is a trademark of
Dodo Books Indian Ocean Ltd. and OmniScriptum S.R.L publishing group

120 High Road, East Finchley, London, N2 9ED, United Kingdom
Str. Armeneasca 28/1, office 1, Chisinau MD-2012, Republic of Moldova, Europe
Printed at: see last page
ISBN: 978-620-7-73484-9

Conteúdo

CAPÍTULO 1 - Introdução

A questão da energia é um tema de extrema importância atualmente. A qualidade de vida de uma sociedade está intimamente ligada ao consumo de energia. O crescimento da procura mundial de energia, devido à melhoria dos padrões de vida nos países em desenvolvimento, traz preocupações essenciais para o planeamento e a política energética das economias emergentes. Entre elas, podemos citar a segurança no fornecimento de energia, necessária ao desenvolvimento social e económico das nações, e os custos ambientais necessários para atender a esse aumento da demanda energética.

Nas últimas décadas, a segurança do aprovisionamento energético está associada à perspetiva de esgotamento das reservas de petróleo e aos elevados preços de mercado dos combustíveis fósseis. Estes últimos são causados por problemas sociais e políticos nas principais regiões produtoras. Além disso, fatores ambientais também podem reduzir a segurança energética como, por exemplo, a ocorrência de longos períodos de estiagem, afetando a produtividade da biomassa e a geração hidrelétrica. Assim, a inserção de recursos adicionais na matriz energética de um país, com a adoção de fontes renováveis de energia, deve minimizar os impactos causados por crises internacionais, que afetam o mercado de combustíveis fósseis ou a geração hidrelétrica em períodos de seca.

Com base nos factos acima referidos, a investigação científica e o desenvolvimento tecnológico estão a ser encorajados em todo o mundo, especialmente após o último relatório do IPCC (Painel Intergovernamental para as Alterações Climáticas) publicado em fevereiro de 2007. Uma das fontes de energia "limpa" que não acarreta a emissão de gases de efeito estufa (GEE) é a energia mecânica fornecida pelo vento, e a energia solar fotovoltaica que vem se destacando e demonstrando potencial para contribuir significativamente no atendimento dos requisitos; como o custo de produção, segurança de abastecimento e sustentabilidade ambiental.

É de referir que a Conferência do Milénio, promovida pelas Nações Unidas em 2000, determinou que o número total de pessoas sem acesso a água potável fosse reduzido para metade, até ao ano 2015. Para viabilizar esse acesso, é fundamental "promover soluções energéticas que facilitem a disseminação do acesso à água, pois grande parte da população com deficiência no abastecimento de água necessita de energia, para sua captação e transporte" (WHO, 2003). Com isso, as áreas rurais empobrecidas necessitam, entre outras coisas, de recursos tecnológicos e energéticos para o seu desenvolvimento. Nesse contexto, as tecnologias para o uso de energias renováveis (eólica, solar) têm alcançado bons níveis de maturidade e confiabilidade, tornando-as opções viáveis para a solução desse problema no meio rural.

Em suma, a introdução de novas tecnologias para melhorar a qualidade de vida nas zonas rurais é um exercício de inovação social envolvente, como tal, as variáveis do processo de transferência vão além da questão tecnológica, incluindo aspectos sociais, económicos, políticos, institucionais e ambientais. Desta forma, o número e a variedade de actores que participam em iniciativas para melhorar as zonas rurais são cada vez maiores.

As organizações internacionais ligadas à produção e distribuição de energia classificada como convencional prevêem que, antes de 2010, a energia eólica e fotovoltaica se torne competitiva em relação às energias fósseis e nucleares, sem que seja necessário ter em conta os custos externos e sociais. Se considerarmos que as energias eólica e fotovoltaica podem ser estimadas como energia viável, então temos um impacto ambiental muito baixo, para além de serem amplamente renováveis. Desta forma, esta investigação, uma vez que acreditamos que este tipo de energia não causa qualquer poluição ao meio ambiente, talvez num futuro muito próximo, possa ser uma das fontes de energia mais atractivas e com baixo dispêndio financeiro e de anseio e, consequentemente, chegar às explorações agrícolas e populações isoladas, permitindo, assim, melhorias nas condições socioeconómicas.

De acordo com estudos já efectuados, o custo de aquisição, instalação e funcionamento de um aerogerador típico e de um sistema fotovoltaico, bem como a manutenção, reverte em menos de um ano após a sua entrada em funcionamento. Portanto, este facto comprova a sua atratividade em termos de produção e economia global, principalmente no território nacional, por ter o país um grande potencial nas energias solar e eólica devido à sua dimensão e localização geográfica.

Neste livro, pretende-se desenvolver dois sistemas de rega em baixa pressão, na cultura da fruta. Um sistema de enrolamento é constituído por um sistema de pás múltiplas, indicador de vento savonius e respectivas bombas, e outro sistema fotovoltaico constituído por bombas e um painel fotovoltaico.

CAPÍTULO 2 - Revisão da literatura.

2.1 Energia eólica

A energia eólica é a energia obtida a partir do movimento das massas de ar. É também designada por energia cinética ou, simplesmente, energia do vento.

A sua exploração ocorre através da conversão da energia cinética de translação em energia cinética de rotação de determinadas peças móveis, denominadas turbinas eólicas ou aerogeradores, para a produção de energia eléctrica. Para a realização de tarefas mecânicas, como a bombagem de água, utilizam-se dispositivos designados por moinhos de vento e/ou moinhos.

2.2 O vento

Basicamente, o vento não é mais do que uma determinada massa de ar em movimento. O ar, sendo uma mistura de gases, está sujeito a todas as características físicas dos fluidos. O ar quente expande-se mais do que o frio, torna-se menos denso e, portanto, tende a subir, substituído por uma massa de ar mais frio e mais denso.

Por outro lado, "a quantidade de energia que os raios solares transferem para a superfície terrestre é diretamente proporcional ao RADIUS, sendo o ângulo de ataque o melhor aproveitamento proporcionado pelo ataque perpendicular" (Hulscher e Frankel, 1994; Aldabo, 2002).

Quando se tem em conta que os raios solares sobre a Terra chegam a 90° no Equador e que este ângulo diminui à medida que se caminha em direção aos pólos, torna-se claro porque é que a temperatura do Equador é tão mais elevada do que a temperatura dos pólos. Um efeito direto deste fenómeno é o aquecimento do ar sobre o Equador à medida que sobe e se desloca para os Pólos, que por sua vez sopra ar frio e desce para as regiões localizadas no Equador.

A estes factores juntaram-se o movimento de rotação da Terra, que leva a superfície sobre o equador a desenvolver uma velocidade tangencial de cerca de 1.600 km/h nos pólos, e as estações do ano provocadas pelo movimento de translação, aquecendo de forma desigual os hemisférios norte e sul, o que explicaria as fontes de vento mutantes.

Segundo Hulscher e Frankel, (1994) e Aldabo, (2002, pp 52), as brisas marítimas são também localmente formadas por diferenças de temperatura, já não sob o ângulo de incidência dos raios solares, mas de diferentes capacidades de armazenamento de calor e água pelos corpos sólidos. A porção continental da Terra aquecida durante o dia, arrefece à noite muito mais rapidamente do que a porção aquática. Por esta razão, o ar, que é aquecido pela Terra durante o dia, é substituído por ar frio vindo do mar. Durante a noite, o processo inverte-se. Os ventos dos vales e montanhas também sofrem processo semelhante. Na Figura 1, ilustra-se como se comportam as altas pressões nos pólos e subtrópicos, as calmarias equatoriais terrestres e o movimento dos ventos próximos à superfície da Terra.

Figura 1. A figura abaixo ilustra como se comportam as altas pressões nos pólos e as calmarias equatoriais, bem como o movimento dos ventos junto à superfície da Terra.

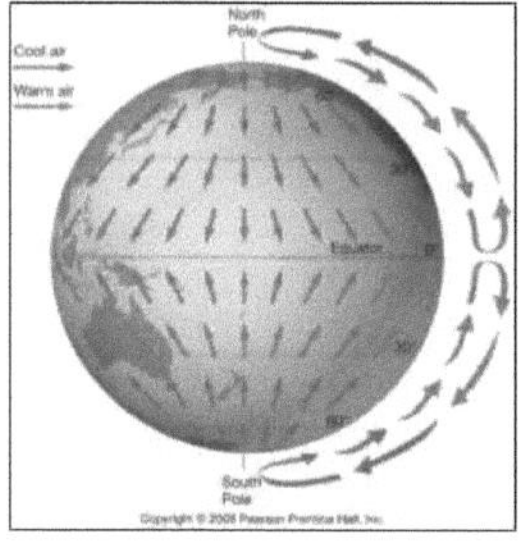

Resumidamente, podemos dizer que o vento é o resultado do aquecimento desigual da superfície da Terra pelos raios solares e do movimento de rotação e translação que esta efectua. Esta caraterística justifica a variedade de ventos no local em função da sua latitude e altitude, da proximidade do mar ou das montanhas e da estação do ano, entre outros factores.

Normalmente, devido à ação do Sol, os ventos são mais fortes durante o dia, quando a demanda de energia é maior. Além disso, os ventos são mais fortes em épocas de menos chuva, tornando-se assim um dos principais atrativos do uso da energia eólica como concorrente à diversificação da matriz energética brasileira, excessivamente dependente da geração hidráulica.

Segundo Aldabo (2002, p. 78), quando se pensa na conversão da energia eólica é preciso ter em conta que nem todos os locais são apropriados, uma vez que, segundo os fabricantes de turbinas eólicas, para que o sistema seja economicamente viável, a velocidade média anual mínima deve ser de 5,5 a 7,0 m/s.

Assim, a obtenção de dados através de medições é geralmente dispendiosa, porque depende da velocidade e da frequência dos ventos, que são partes obrigatórias de qualquer projeto de instalação de um sistema eólico de produção de energia eléctrica.

Assim, estes dados locais permitem determinar a "curva de frequência de distribuição das velocidades do vento" para o local de estudo, que mostra o número de horas, durante um período de tempo (geralmente um ano ou 8.760 horas), em que o vento sopra a cada velocidade diferente.

2.3 Custos da energia eólica

Para além da energia hidroelétrica, o homem utiliza a energia eólica há milhares de anos para os mesmos fins, nomeadamente: bombagem de água, moagem de cereais e outras aplicações que envolvem energia mecânica.

Para a produção de eletricidade, as primeiras tentativas surgiram no final do século XIX, mas só um século mais tarde, com a crise internacional do petróleo na década de 1970, houve interesse e investimento suficiente para permitir o desenvolvimento e implementação de equipamentos à escala comercial (Aldabo, 2002, pp 93). Assim, a primeira turbina eólica comercial, ligada à rede eléctrica pública, foi instalada em 1976, na Dinamarca. Atualmente, existem mais de 30.000 turbinas eólicas em funcionamento no mundo. Em 1991, a Associação Europeia de Energia Eólica estabeleceu como objectivos a instalação de 4.000 MW de energia eólica na Europa, até ao ano 2000, e de 11.500 MW até ao ano 2005. Os objectivos foram cumpridos antes do previsto (4.000 MW em 1996, 11.500 MW em 2001). Os objectivos actuais são de 40 000 MW na Europa até 2010. "Nos Estados Unidos, o parque eólico existente é da ordem dos 2 500 MW e estima-se que a instalação anual ronde os 1 500 MW nos próximos anos" (CE, 1999; Windpower, 2000).

O custo dos equipamentos, que era a principal barreira para o uso comercial da energia eólica, caiu muito entre 1980 e 1990. Estimativas indicam que o custo de um aerogerador moderno gira em torno de US$ 1.000,00 por kW instalado. Por outro lado, "os custos de operação e manutenção variam de US$ 0,006 a US$ 0,01 por kWh de energia gerada e de US$ 0,015 a US$ 0,02 por kWh, após dez anos de operação" (BTM, 2000).

Os desenvolvimentos tecnológicos recentes (sistemas de transmissão avançados, melhor aerodinâmica, estratégias de controlo e de funcionamento das turbinas, etc.) permitiram reduzir os custos e melhorar o desempenho e a fiabilidade dos equipamentos. No que respeita ao balanço energético, atualmente, "uma turbina de 600 kW converte, em 7 meses, toda a energia gasta no seu fabrico" (Wobben, 2005, pp 45). No atual estado da arte das turbinas eólicas, existem rotores com um diâmetro de 61 a 90 m, em comparação com os limites de 3744 m dos modelos de 1990 e 600 kW da turbina mais vendida no mundo a 4,5 MW-Enercon E-112 - montada em offshore, como as centrais na Irlanda e na Dinamarca, e os projectos de turbinas gigantes de 12 MW (Wobben, 2005).

Espera-se, portanto, que a energia eólica se torne economicamente mais competitiva nas próximas décadas com a redução do custo de US$/kW e o aumento da eficiência dos geradores e conversores estáticos" (Renewble Energy Word, 2005).

2.4 Energia eólica no mundo

A Figura 2 mostra os principais países em capacidade instalada de produção de energia eólica (acima de 100 MW), em valores actualizados. A Europa detém 73% do mercado de energia eólica. Na Alemanha, país que lidera a produção mundial de energia de origem, a prioridade energética passa pela utilização de fontes renováveis de energia, especialmente a eólica. No ano de 2003 sua capacidade de geração foi de 12.000 MW através do sistema eólico. Em segundo lugar está a Espanha. As perspectivas governamentais projectam para o ano de 2010, uma produção de 8.000 MW.

A Dinamarca, pioneira no uso da energia eólica, já tem cerca de 10% de sua matriz de geração elétrica baseada nessa forma de produção, e chegará aos 50% até 2030, com pelo menos 4.000 MW offshore. Hoje, a Dinamarca é o principal exportador de equipamentos e tecnologia em turbinas eólicas.

Na Dinamarca, as empresas de eletricidade são obrigadas por lei a ligar à rede eléctrica qualquer gerador eólico, incluindo os custos de interligação, a linha eléctrica e a subestação, se aplicável. Do mesmo modo, nos Países Baixos, o Governo comprometeu-se com as empresas de eletricidade a atingir, em 2010, 3,2% da produção de energia eólica no consumo total de eletricidade no país.

Do mesmo modo, o Japão tem como uma das suas prioridades a utilização da energia eólica. Na região de Hokkaido e Tohoku, a potência instalada passou de 28 MW para 140 MW entre 1998 e 2000. Uma declaração emitida em 2002, pelo Ministério da Economia, Comércio e Indústria do país, apontava a necessidade de aumentar a capacidade instalada em energia eólica para 3.000 MW até o ano de 2010.

Pelo exposto, a evolução do mercado para os próximos anos mostra que países como a Dinamarca, a Holanda e a Alemanha projectam os seus futuros parques eólicos no mar, devido à falta de espaço em terra. A título de exemplo, a Dinamarca projectou instalar 40.500 MW de sistemas eólicos no mar até 2005, e a entrada da gigante Siemens, nesta área, promete novidades (Renewble Energy Word, 2005).

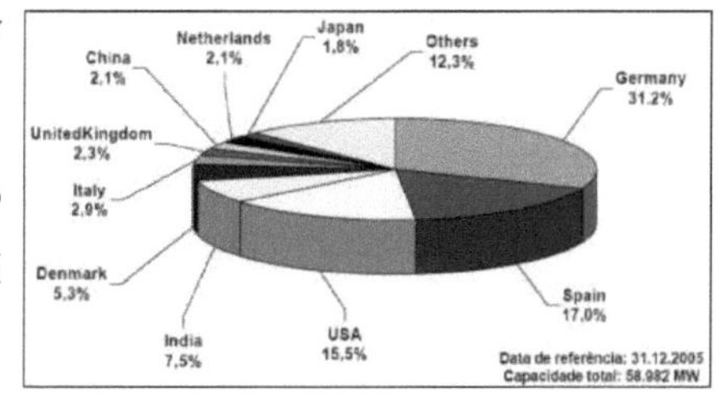

Figura 2. Os dez países líderes na instalação de energia eólica. (Fonte: adaptado de BTM Consult, DK).

2.5 Energia eólica no Brasil

Em termos de planejamento, o Brasil viabilizou a construção de um parque com 160 turbinas eólicas, com capacidade média de 600 kW. No Rio Grande do Sul, foi inaugurado, na cidade de Osório-RS, o primeiro parque de geração eólica. Medições realizadas indicam que, no nordeste brasileiro, os ventos têm uma velocidade média de 8,0 m/s, o que é considerado muito bom para a geração eólica com investimento maciço, principalmente nos Estados do Ceará, Rio Grande do Norte e Maranhão (Fonte: Centro Brasileiro de Energia Eólica, CBEE).

As pesquisas sobre o comportamento dos aerogeradores e as condições do país estão sendo realizadas pelo Centro Brasileiro de Testes de Turbinas Eólicas (CBTTE), da Universidade Federal de Pernambuco. O CBTTE tem duas turbinas instaladas em Olinda-PE, com capacidade total de 580 MWh por ano.

É certo que o Brasil possui um grande potencial eólico, confirmado pelas medições efectuadas até ao momento, podendo assim produzir energia eléctrica a custos competitivos em relação aos custos de produção das centrais térmicas, nucleares e hidroeléctricas. A capacidade de geração de energia elétrica (eólica), no Brasil, é estimada em 6.000 MW, podendo chegar a 10.000 MW, segundo opiniões expressas em alguns artigos técnicos. A análise dos recursos eólicos, medidos em vários pontos do país, mostrou a possibilidade de geração elétrica a custos em torno de US$ 0,70 por MWh (Centro Brasileiro de Ensaios de Turbinas Eólicas, CBTTE, 2002).

Os órgãos responsáveis pela energia elétrica no país trabalhavam com a expetativa de uma produção por fontes alternativas de 5.645 MW até o final de 2004. Como forma de acelerar o uso dessas fontes, foi criado um programa de incentivo às fontes alternativas de energia elétrica, o Programa de Incentivo às Fontes Alternativas de Energia Elétrica (Proinfa), mas defende que as políticas nacionais devem ser mais ousadas e empreendedoras na busca de soluções alternativas, tornando as metas mais ambiciosas a médio prazo.

O Centro Brasileiro de Energia Eólica (CBEE), por exemplo, com o apoio da Agência Nacional de Energia Elétrica (ANEEL) e do Ministério da Ciência e Tecnologia (MCT), lançou, em 1998, a primeira versão do Atlas Eólico do Nordeste Brasileiro (WANEB, Amarante et al., 2001). Com isso, o MCT tinha como objetivo principal desenvolver modelos atmosféricos, analisar dados e elaborar mapas de vento para a região.

Além disso, um mapa preliminar dos ventos em diferentes regiões do Brasil foi gerado a partir de simulações computacionais com modelos atmosféricos. Esse mapa é apresentado na Figura 3, mostrada a seguir.

Alguns pré-requisitos técnicos e econômicos devem ser observados para a instalação de parques eólicos de MW no setor elétrico brasileiro. Dentre eles destacam-se:

- ✓ O interesse declarado pelas empresas de energia eléctrica, motivado principalmente pela necessidade de expansão da produção de eletricidade;
- ✓ A diversidade das características dos projetos no que respeita à localização, aos aspectos topográficos e às características da rede;

✓ A possibilidade de garantias de financiamento;

✓ O desenvolvimento da indústria nacional de sistemas eólicos;

✓ O estabelecimento de legislação favorável à difusão da tecnologia eólica para a produção de eletricidade em grande escala.

Figura 3. Disponibilidade de energia eólica no Sul do Brasil (Atlas Cresesb). (Fonte: adaptado de Amarante et al., 2001).

2.6 Disponibilidade de energia eólica

A disponibilidade de energia eólica está diretamente ligada a factores físicos e geológicos. Como já foi visto, a energia eólica é formada devido à diferença de aquecimento em diferentes partes da superfície terrestre. Isso acontece por diversos motivos, dentre os quais, destaca-se a inclinação do eixo da Terra sob a incidência dos raios solares. Portanto, a disponibilidade de energia eólica depende da hora, do dia, da estação do ano e de outros aspectos climáticos.

As diferenças de aquecimento à superfície da Terra alteram a densidade do ar (relação entre massa e volume). O ar mais quente é menos denso e descreve um movimento ascendente na atmosfera. Por conseguinte, o vazio deixado pelo ar é ocupado por uma massa de ar mais frio, que tem maior densidade. Esta diferença proporciona uma deslocação de massa segundo o princípio das correntes de convecção. Assim, o movimento das massas está associado a uma parcela de energia mecânica denominada energia cinética (Ec) expressa pela equação:

$$E = 1/2 \ m \ v^2 \tag{1}$$

Onde:

m = massa de ar que passa através de uma área de varrimento das pás rotativas e

V = velocidade do vento.

A massa pode ser obtida pela equação:

$$m = A \, \rho \, V \qquad\qquad (2)$$

Onde:

ρ = densidade do ar,

V = velocidade do vento,

A = área de varrimento da lâmina.

Esta equação é obtida a partir das leis de Newton. Sendo o foco da mecânica clássica. No entanto, como em qualquer processo de conversão de energia, a energia do vento não é totalmente convertida em energia utilizável. De acordo com a lei de Betz, só é possível converter menos de 16/27 (ou 59%) da energia cinética do vento em energia mecânica utilizando uma turbina eólica. A lei de Betz foi formulada pela primeira vez pelo físico alemão Albert Betz em 1919. De acordo com ela, a Tabela 1 resume as possíveis aplicações da energia eólica de acordo com a sua magnitude, lembrando que os valores de velocidade são valores médios e não o resultado de simples medições.

Quadro 1. Utilização da energia eólica

Velocidade média anual 10 m acima do nível do solo	Possibilidade de utilização para energia eólica
Inferior a 3 m/s	Normalmente não é possível, pelo menos em ocasiões especiais
3-4 m/s	Pode ser uma opção para as bombas eólicas, uma vez que é improvável que existam geradores eléctricos
4-5 m/s	As bombas eólicas podem ser competitivas em relação às bombas a gasóleo. Pode ser viável para turbinas eólicas isoladas de parques eólicos
Mais de 5 m/s	Viável tanto para bombas eólicas como para geradores eólicos isolados
Mais de 7 m/s	Viável para bombas eólicas, geradores eólicos isolados ou ligados à rede

(Fonte: Krauter, 2005).

2.7 Tipos de rotores na produção de energia eólica

Os rotores de eixo vertical têm a vantagem de não necessitarem de mecanismos de monitorização para mudanças na direção do vento. Isto reduz a complexidade do projeto, bem como os esforços, devido às forças de Coriolis. Estas forças, assim designadas em referência ao engenheiro francês Gaspard-Gustave de Coriolis, são devidas à rotação da Terra e desempenham um papel importante, uma vez que alteram as características do movimento do vento e das correntes oceânicas, que seriam muito diferentes se a Terra estivesse em repouso. Os rotores de eixo vertical também podem ser movimentados por forças de arrasto ou forças de sustentação. Os principais tipos de rotores de eixo vertical são:

a) Savónio;

b) Darrieus;

c) Turbina com torre de vórtices.

Conforme Pinho et al. (2008), os rotores do tipo Savonius são accionados predominantemente por forças de arrasto, embora desenvolvam alguma resistência. Acrescenta ainda que este tipo de rotores tem um binário de arranque relativamente elevado, embora a baixa velocidade. Por conseguinte, a sua eficiência é baixa e o rendimento mecânico máximo que podem atingir é de 31%. Consequentemente, os rotores Savonius são muito utilizados na bombagem de água em instalações rurais de baixo custo. Na Figura 4, a seguir ilustrada, vê-se um rotor deste tipo.

Figura 4. Turbina eólica Savonius (Fontes: REUK.co.uk).

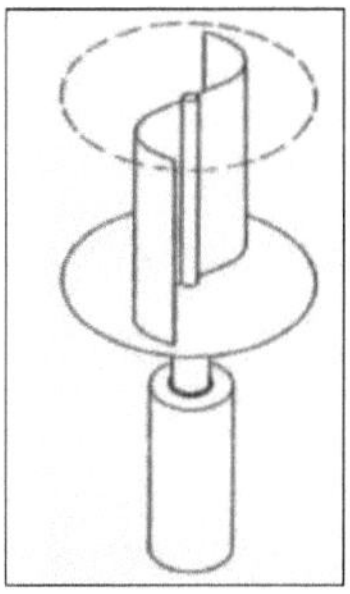

Os rotores do tipo Darrieus, desenvolvidos em 1927, por G. J. M. Darrieus, são os mais fortes concorrentes dos moinhos de vento convencionais, uma vez que são movidos por forças de sustentação e sustentação constituídos por pás aerodinâmicas curvas (duas ou três) montadas num eixo vertical. Em rotação, as suas pás curvam-se por força centrífuga até um diâmetro aproximadamente igual à distância entre as extremidades, assumindo a forma de uma catenária. Estes impulsores podem atingir velocidades elevadas, mas o binário de arranque é aproximadamente nulo.

Podem ser concebidas múltiplas configurações, uma vez que este tipo de rotores pode ser combinado com outros rotores para aumentar o binário de arranque. A sua eficiência é, portanto, elevada, quase comparável à dos tipos convencionais de aerogeradores.

As turbinas Vortex Tower são unidades mais compactas, para uma potência de saída, do que outros cata-ventos, estão ainda em fase de desenvolvimento.

2.8 Lâminas ou aerofólio

Do ponto de vista da construção, as lâminas ou aerofólios podem ter as mais variadas formas e empregar os mais variados materiais. Particularmente, as pás rígidas são feitas de madeira, alumínio, aço, fibra de vidro, fibra de carbono e/ou Kevlar. Estas últimas são as mais promissoras do ponto de vista tecnológico. A seguir, são destacados os variados tipos de materiais formados em pás ou aerofólios:

a. *Fibra de vidro:* o material reforçado com fibra de vidro oferece boa resistência. Além disso, os custos competitivos para as pás são acessíveis, pois é o material utilizado em quase todas as pás dos aero geradores dos parques eólicos da Califórnia (EUA) e na Europa foi utilizado em rotores de até 112 m de diâmetro. Com isso, as pás, em materiais compósitos, possibilitam uma geometria suave e aerodinâmica, e as fibras são colocadas estruturalmente nas principais direções de propagação de tensões quando em operação;

b. *Aço:* os aços estruturais estão disponíveis a um custo relativamente baixo no mercado interno de alguns países e há muita experiência na sua utilização em estruturas aeronáuticas de todas as dimensões. No entanto, uma desvantagem é que as lâminas de aço tendem a ser pesadas, o que acarreta um aumento de peso e, consequentemente, um aumento do custo de toda a estrutura de suporte, para além de necessitarem de proteção contra a corrosão, segundo a qual existem várias alternativas possíveis;

c. *Madeira:* esta fibra natural, que é também um material compósito, evoluiu ao longo de milhões de anos, com o objetivo de suportar cargas de fadiga induzidas pelo vento, que tem muito em comum com as cargas a que são submetidos os rotores dos aerogeradores. Neste sentido, a madeira é largamente utilizada no mundo para pás de rotores de pequeno porte (até 10 m de diâmetro), o baixo peso da madeira é uma vantagem, mas deve-se ter o cuidado de evitar variações de teor de humidade interna, que podem causar degradação das propriedades mecânicas e variações dimensionais, que enfraquecem a estrutura da pá e podem causar rupturas na estrutura;

d. *Alumínio:* a maior parte dos aerogeradores do tipo Darrieus utilizam pás feitas de ligas de alumínio, que são estudadas sob a forma de perfil aerodinâmico. No entanto, as ligas de alumínio não têm um limite inferior de fadiga, porque a tensão dos ciclos de carga é aumentada e este comportamento sempre levantou dúvidas sobre a possibilidade de alcançar uma vida longa de 20 anos ou mais para um rotor de alumínio;

e. *Fibra de Carbono e/ou Kevlar:* são materiais compósitos mais avançados, que podem ser utilizados em zonas críticas (paddle ou vane Stringer, por exemplo), e que têm sido utilizados de forma experimental e servem para melhorar a rigidez da estrutura. No entanto, segundo Campos, (2001, pp 56), estes materiais têm um preço demasiado elevado para serem utilizados em aerogeradores economicamente mais competitivos, sendo que o registo do conhecido aerogerador, AIR MARINE 403, utiliza este tipo de material, conferindo-lhe um desempenho único na sua gama de potências.

A maioria dos rotores modernos tem duas ou três pás. Os projectistas americanos escolheram geralmente duas pás porque o custo de duas pás é inferior ao de três. Outros, especialmente os dinamarqueses, argumentam que o custo adicional da terceira lâmina é compensado pelo comportamento dinâmico mais suave da lâmina de três rotores e que o custo total do aerogerador é virtualmente idêntico ao da utilização de duas ou três lâminas. Deste modo, um rotor de três pás proporciona menores oscilações de binário no veio, o que simplifica a transmissão mecânica.

2.9 Torres

As torres são mecanismos que elevam os rotores até à altura desejada e estão sujeitas a numerosos esforços. Em primeiro lugar, as forças horizontais devem ter em conta a resistência do arrasto do rotor e a força do vento na própria torre. Depois, há que ter em conta os esforços de tração impostos pelo mecanismo de controlo da roldana giratória, casa das máquinas rotativas ou "nacelle" - e os esforços verticais (peso do próprio equipamento), que não devem ser negligenciados. Quanto ao material, as torres podem ser de aço, treliças tubulares e betão. Para aerogeradores de menor porte, é possível utilizar apenas um poste de madeira, como mostra o exemplo a seguir: (Figura 5).

Figura 4. Torre de madeira para moinho de vento. (Fonte: Foto do autor).

A torre suporta a lâmina giratória e o mecanismo de controlo da folha giratória. As pás, por sua vez, excitam, em rotação, cargas cíclicas como um todo, com a frequência de rotação e as suas múltiplas pás. Assim, deve ser colocada uma questão fundamental relacionada com a conceção da torre e a sua frequência natural, uma vez que esta deve ser desacoplada das emoções, para evitar o fenómeno de ressonância. Este fenómeno aumenta a amplitude das vibrações e as tensões resultantes reduzem a vida à fadiga dos componentes, entre outros, efeitos desagradáveis.

Pouco depois de 1973, a primeira geração de aerogeradores foi projectada com torres rígidas com frequências naturais muito superiores à força de rotação do rotor. No entanto, esta abordagem conduziu a torres desnecessariamente pesadas e dispendiosas (Campos, 2001, pp.74).

Durante a última década, à medida que a compreensão dos problemas dinâmicos dos aerogeradores foi aumentando, foi possível construir aerogeradores mais leves, portanto menos rígidos, mas também significativamente mais baratos do que os seus antecessores.

Desde que tenham as suas frequências naturais desacopladas das frequências de excitação do rotor, as torres podem ser suportadas ou não. De um modo geral, as frequências naturais de uma torre com arestas podem ser mais bem reguladas variando a tensão de estacaria.

É interessante notar que as barras de aço são preferíveis à utilização de cabos, uma vez que estes são mais elásticos e, por conseguinte, requerem pré-tensões muito maiores do que as que seriam necessárias nas barras para atingir a mesma frequência natural na mesma configuração. Uma turbina eólica moderna é uma estrutura esbelta, com a massa das pás rotativas numa torre, excitando cargas cíclicas sobre todo o sistema. Um problema básico do projeto é determinar todas as frequências naturais e modos de vibração dos componentes, em particular, as pás e a torre, para evitar a ressonância com as frequências de excitação do rotor em funcionamento. A ressonância, como já foi descrito, causa um aumento da amplitude da carga cíclica sobre o sistema, minando a resistência à fadiga e reduzindo a vida útil estimada para o aerogerador, que é de aproximadamente 20 anos.

2.10 Turbinas eólicas e ambiente

A geração de energia através do sistema eólico é considerada "limpa", pois esse sistema não emite gases ou qualquer outro tipo de poluente para o meio ambiente. No entanto, os grandes "parques eólicos", como são chamadas as instalações que recebem vários geradores, um ao lado do outro, causam alguns impactos ambientais. Os principais são:

a. **Ruído:** toda a turbina eólica produz ruído, que provém tanto do equipamento elétrico e mecânico (gerador, caixa de velocidades, etc.), como do próprio assobio aerodinâmico. O primeiro deles predomina nas turbinas com pás de até 20 m de comprimento. O ruído aerodinâmico depende também do tipo e do controlo da turbina (horizontal ou vertical, controlo de stall ou pitch, controlo de velocidade, ligação direta do gerador à rede), do tipo de material das pás, entre outros. O ruído tende a ser mais evidente quando o vento é mais fraco, uma vez que o ruído natural dos ventos fortes acaba por mascarar o ruído produzido na turbina. Por outro lado, com ventos fracos, o ruído diminui bastante quando da rotação da turbina, já que a maioria das turbinas modernas, com sofisticados controles de velocidade e passo ("pitch"), conseguem reduzir significativamente o ruído, mas, mesmo assim, dependendo da quantidade de turbinas no parque eólico, o ruído pode ser um problema.

Em vista disso, como acrescenta Campos (2001, p. 54). Os países que mais utilizam a geração eólica já possuem leis que tratam do assunto, limitando o ruído máximo para áreas residenciais próximas, sendo que, na Europa, a distância mínima entre um aerogerador e uma área residencial, é de cerca de 200 m.

b. ***Poluição visual:*** grandes turbinas possuem hélices com dezenas de metros e podem ser vistas a dezenas de quilômetros de distância. Com isso, qualquer instalação de geração de energia (térmica, nuclear, hidrelétrica) pode ser vista a quilômetros de distância, além do que, dependendo da região, a instalação de um parque eólico pode ser indesejável;

c. ***Reflexos:*** como as pás das turbinas são geralmente feitas de metal, a luz do sol provoca reflexos, indesejáveis aos olhos das pessoas, se houver uma região habitada próxima ao parque eólico. Esse problema é maior em locais de maior latitude, onde o ângulo de incidência da luz solar é menor;

d. ***Morte das aves:*** Segundo, destaca Campos (2001, pp 82). Existem relatos de elevada mortalidade de aves, junto ao Estreito de Gibraltar em Espanha, quando do impacto das mesmas em rota de voo, com turbinas de um parque eólico, pelo que, não se recomenda a instalação de parques eólicos em rotas migratórias de aves.

CAPÍTULO 3 - Bombagem fotovoltaica.

3.1 Estado da arte da bombagem fotovoltaica

Em seguida, é apresentado o estado da arte da tecnologia de bombagem fotovoltaica e algumas das experiências mais relevantes realizadas nas duas décadas da sua expansão.

Lorenzo et al. (1994), refere que "embora o efeito fotovoltaico tenha sido observado pela primeira vez pelo físico francês Edmund Becquerel em 1839 e as primeiras aplicações datem da década de 50, a bombagem fotovoltaica, por outro lado, a forma comercial foi notada pela primeira vez no final da década de 70".Assim, segundo Zaffaran, 1994, "até 1994, tinham sido instalados cerca de 24.000 sistemas em todo o mundo". Na última década, no entanto, o número de sistemas deste tipo registou um aumento acentuado, embora não tenha sido contabilizado, o último European Union Expansion Forecasting Survey aponta para valores na ordem dos 150.000 sistemas de bombagem fotovoltaica a serem instalados até ao final do ano 2010 (EPIA, 1996).

Assim, este aumento, considerando uma potência média de 800 Wp por sistema, conduz a cerca de 120 MWp de potência instalada.

Portanto, um dos fatores que contribuiu para a disseminação da opção de bombeamento fotovoltaico foi a redução dos preços de seus componentes. Em pesquisa de mercado, um pesquisador concluiu que a evolução do preço do módulo fotovoltaico no mercado internacional foi de US$ 38,00/Wp em 1978 para US$ 3,50/Wp em 2003. Diante disso, Derrick (1993), afirma que "para o sistema de bombeamento fotovoltaico como um todo (módulos, condicionamento de energia e moto-bomba), passou de US$ 50/Wp em 1970 para menos de US$ 9,00/Wp, atualmente". No Brasil, no entanto, esses valores estão em torno de US$ 6,00/Wp, para o módulo fotovoltaico, e US$ 18,00/Wp, para o sistema completo de bombeamento, já considerados os custos de transporte, seguro e imposto de importação.

Segundo Barlow et al., (1991), "outro fator decisivo para o crescimento da utilização desta opção foi a viabilização de projectos-piloto implementados em condições reais de operação, proporcionando assim o aperfeiçoamento tecnológico necessário para a sua ampla expansão em escala". Por exemplo, a Figura 6 mostra a evolução dos preços de pico do Watt ao longo da produção acumulada.

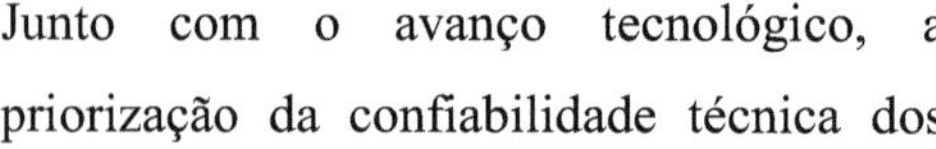

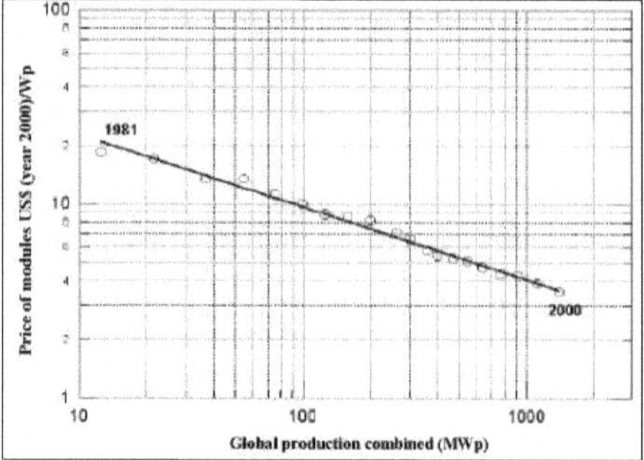

Figura 5. Evolução dos preços dos módulos no mercado internacional entre 1981 e 2000. (Fonte: Parente et al., 2002).

Junto com o avanço tecnológico, a priorização da confiabilidade técnica dos equipamentos, houve uma melhora significativa na eficiência dos elementos do sistema. No início de 1980, a eficiência média de um sistema era de 2%. No entanto, graças ao aumento da eficiência dos equipamentos individuais, sistemas com eficiência média total acima de 5% já são uma realidade. Atualmente, "um bom sistema comercial depende de uma eficiência dos módulos fotovoltaicos entre 12% e 15%, e a eficiência do resto do sistema entre 30% e 40%" (Barlow et al., 1991; Mayer et al., 1995b; agência de cooperação técnica alemã GTZ, 1996; Protogeropoulo e Tselikis, 1997).

Um sistema de bombagem fotovoltaico standard é constituído por um gerador fotovoltaico (sistema interligado de módulos fotovoltaicos), motor de condicionamento de potência (inversor, controlador, seguidor de ponto de máxima potência), grupo eletrobomba e reservatório de água, como mostra a Figura 7. Ao contrário dos sistemas domésticos de geração autónoma, as baterias electrolíticas não são utilizadas para o armazenamento de energia eléctrica durante as horas em que se verifica maior insolação para posterior utilização, exceção feita, no entanto, nos casos em que a bomba é uma carga maior do que um sistema fotovoltaico autónomo. Geralmente, nos períodos de maior insolação, a água é bombeada e armazenada em reservatórios para posterior utilização, pelo que estes reservatórios são dimensionados para um determinado serviço, em número de dias de autonomia.

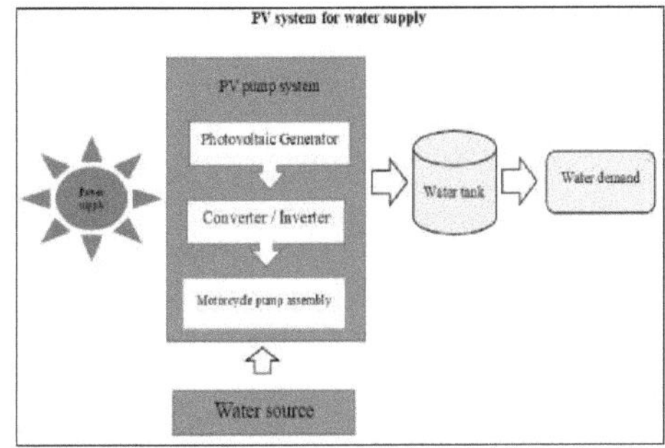

Figura 6. Diagrama esquemático de um sistema fotovoltaico de abastecimento de água. (Fonte: modificado de Fraidenraich, 2002).

Em aplicações comerciais, o gerador fotovoltaico é normalmente fixo, embora a utilização de seguidores solares, sistemas de tracking, melhore a irradiação solar na superfície do gerador, aumentando a energia disponível, com o consequente aumento do volume bombeado. Como referem Vilela e Fraidenraich (2001), "o estudo comparativo de sistemas de bombagem com e sem Tracker, em determinadas condições de funcionamento, determinou que até 41% mais água é bombeada no primeiro caso".

A ideia base para a utilização de dispositivos de seguimento é a vantagem de necessitar de menos potência para a mesma quantidade de água bombeada, implicando um menor investimento em módulos fotovoltaicos, bem como a ocupação de menor superfície para a sua instalação. No entanto, a aquisição do motor de rastreio e a sua colocação em funcionamento, manutenção e substituição ao longo da vida do projeto podem não compensar financeiramente, quando comparados com o custo de um sistema fixo. Por este motivo, a utilização de um crawler deve ser analisada à luz das especificidades e objectivos de cada projeto.

O desenvolvimento dos equipamentos de bombagem fotovoltaica passou de um sistema em que a bomba se encontrava no local, o motor e os restantes componentes de condicionamento de potência em superfície acoplados por um eixo, para um sistema compacto em que todo o mecanismo se encontra no local submerso ou flutuante. Neste novo mecanismo utilizado, as configurações são apresentadas na Figura 8, sendo as linhas a azul escuro as de maior ocorrência e, a azul claro, as de menor frequência.

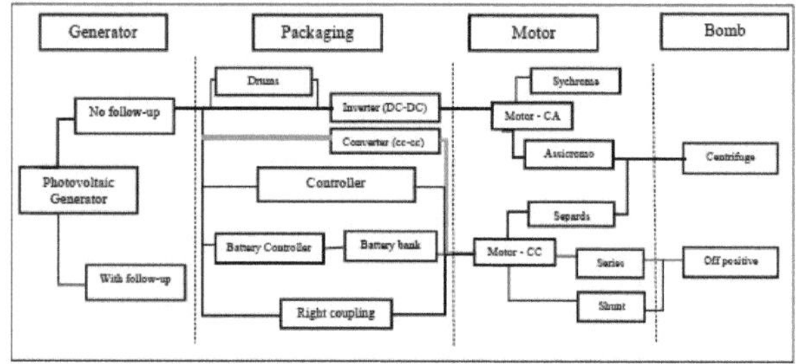

Figura 7. Configurações dos sistemas de bombagem fotovoltaicos utilizados. (Fonte: Koner modificado, 1991; Malbranch et al., 1994).

Para sistemas em corrente contínua (CC) de potência, o condicionamento pode ser feito tanto com o uso de conversor (CC-CC), como por acoplamento direto gerador-bicombustível. Já para sistemas em corrente alternada (CA) são utilizados inversores trifásicos (CC-CA); e, ainda, com a finalidade de aperfeiçoar a variação das condições de irradiação, são utilizados os seguidores de ponto de máxima potência.

No que respeita às bombas para aplicações de pequena potência (até 400 Wp), as mais utilizadas são as bombas de diafragma de deslocamento positivo ou as bombas centrífugas de um ou poucos estágios. Para aplicações de grande potência, as bombas utilizadas são as centrífugas de várias fases e as helicoidais de deslocamento positivo.

Desta forma, as bombas centrífugas são adequadas para grandes caudais e alturas mais baixas, este tipo de bomba apresenta características que representam uma redução do rendimento. Para grandes e pequenos caudais adicionais, as mais adequadas são as bombas de deslocamento positivo, essencialmente do tipo helicoidal. No entanto, apesar de apresentarem maior eficiência em relação às bombas centrífugas, as helicoidais oferecem maior binário de arranque do motor, o que deve ser considerado no dimensionamento do gerador (Mayer et al., 1995a).

3.2 História e principais projectos de bombagem fotovoltaica

Segundo Fedrizzi (2003), embora o bombeamento fotovoltaico seja uma tecnologia recente, graças a grandes projetos, "na maioria das vezes implantados em áreas rurais de países em desenvolvimento, com o apoio dos países produtores de equipamentos", foram conquistados ganhos tecnológicos, "de acordo com a necessidade de adaptação às condições do campo".

As primeiras aplicações comerciais de bombagem fotovoltaica datam de 1978. Na ilha da Córsega, prosseguindo a sua tese de doutoramento, o engenheiro Dominique Campana desenvolveu e instalou o primeiro sistema de utilização do campo de que há registo. Com os módulos da empresa Philips e uma bomba de corrente contínua desenvolvida em conjunto com os engenheiros da empresa Guinard, o sistema abasteceu uma exploração de criação de ovinos. Após esta primeira experiência, foram instalados alguns outros sistemas na Europa. No entanto, "o primeiro desenvolvimento em grande escala no continente africano, mais especificamente no Mali" (Barlow et al., 1991; Malbranch et al., 1994; Perlin, 1999; Fedrizzi, 2003).

Segundo, Perlin (1999, pp 65), Dirigida pelo Padre Bernard Vespieren, a entidade Mali Acqua Viva foi criada para aliviar os efeitos da seca que assolava vários países de África. Após inúmeras tentativas de sistemas de bombagem de água, a diesel, manuais, a pedal e até com um projeto-piloto de energia solar térmica no final dos anos 70, a organização conseguiu fazer a instalação das primeiras bombas fotovoltaicas no continente africano. Entre 1977 e 1990, foram instalados mais de 200 sistemas no Mali, alavancando inúmeros outros projectos em países vizinhos (Perlin, 1999; Fedrizzi, 2003).

Fedrizzi (2003), afirma ainda que entre 1979 e 1981, o programa de desenvolvimento das Nações Unidas, com o apoio do Banco Mundial e a participação britânica através do Intermediate Technology Development Group, conduziu um projeto-piloto que incluía testes e avaliação do funcionamento de sistemas de bombagem fotovoltaica no terreno. O principal objetivo foi a demonstração e avaliação da utilização de pequenos sistemas de bombagem fotovoltaicos (de 100 a 300 Wp) para serem utilizados na irrigação de pequenas áreas em propriedades rurais do Mali, Filipinas e Sudão, com vista à melhoria da tecnologia para a sua utilização no terreno. As conclusões do trabalho mostraram um grande potencial para o uso desta tecnologia em áreas rurais, embora nenhum dos produtos testados tenha sido aprovado para sua disseminação imediata em larga escala. As principais recomendações do estudo sugerem a necessidade de melhoria da fiabilidade dos equipamentos e a redução do preço, sendo a primeira amplamente atendida em futuras iniciativas. (PNUD - Projeto GLO/78/004, 1981; Halcrow et al., 1984; Fedrizzi, 2003).

Como Anhalt (1995), Hahn (1995) e Hanel et al. (1995), citados por Fedrizzi (2003), com o objetivo de mostrar os custos reais de implementação e a maturidade da tecnologia de bombagem fotovoltaica, entre 1990 e 1994. A agência alemã de cooperação técnica (GTZ, na sigla em alemão), no âmbito do PPP (Programa de Bombagem Fotovoltaica), e em cooperação com as autoridades responsáveis pelo abastecimento de água dos países receptores (Argentina, Brasil, Indonésia, Jordânia, Filipinas, Tunísia e Zimbabué), instalou 90 grandes sistemas de bombagem, totalizando cerca de 180 kWp. (Anhalt, 1995; Hahn, 1995). Para minorar os efeitos de décadas de seca no Sahel, em África, foi estruturado o Programa Regional Solar (PRS, na sigla em francês) para o abastecimento de água com energia solar fotovoltaica às populações rurais de oito países do Comité Interestatal Permanente de Luta contra a Seca no Sahel (CILSS, na sigla em francês): Burkina Faso, Cabo Verde, Gâmbia, Guiné-Bissau, Mauritânia, Nigéria, Senegal e Chade. Com 1 040 sistemas de bombagem instalados, e 1,3 MWp, o projeto visava melhorar o acesso à água em quantidade e qualidade a um grande grupo de pessoas, para além de melhorar as suas condições económicas, proporcionando-lhes recursos adicionais através da irrigação de produtos hortícolas e frutícolas. (PRS, 1996; Hanel et al., 1995).

A complementação do Programa Regional Solar (PRS) representou um marco no que se refere a projectos desta natureza, uma vez que os seus procedimentos de implantação alcançaram uma fiabilidade muito superior às cotas que caracterizavam o anterior estado da arte. O programa dedicou especial atenção ao Departamento de Qualidade, através de procedimentos que incluíram a definição de especificações técnicas, a definição de ensaios, a realização de testes de protótipos em laboratórios independentes e o controlo na receção dos equipamentos. Para além da qualidade técnica, houve também uma preocupação com a estética (cablagem, vedação, etc.), o que afecta positivamente o grau de aceitação e satisfação dos utilizadores e outros intervenientes. (Lorenzo e Egido, 1999; Fedrizzi, 2003).

O modelo PRS, segundo Fedrizzi (2003), inclui equipamentos que viabilizam a realização de testes operacionais em campo. Assim como a determinação do volume bombeado por meio de hidrômetro de uso permanente. Recetor para manômetro e furo na tampa do poço que permitiu a inserção de sensor de nível utilizado para testes operacionais e de sistemas de produção.

No entanto, a conceção e a aplicação de um padrão de qualidade técnica do SPE limitaram-se apenas à entrada dos reservatórios de água, deixando as restantes infra-estruturas sob a responsabilidade de cada país beneficiário. A falta de desenvolvimento de um padrão de qualidade das infra-estruturas locais resultou em inúmeros problemas, como a baixa qualidade de alguns elementos, produzindo avarias prematuras, e o subdimensionamento dos sistemas de acumulação e distribuição de água, o que gerou impactos negativos na utilização e manutenção de alguns sistemas.

Os esforços empregados no PRS, no sentido de priorizar a qualidade dos elementos de um sistema de bombeamento fotovoltaico, foram utilizados em outros projetos em diversos países, inclusive no Brasil. Mais especificamente no projeto Eldorado, resultante dos mecanismos de cooperação entre a Alemanha e o Brasil. Tendo sido implantado o padrão de qualidade PRS, proposto pela parte alemã, que tinha participado naquele projeto em África. Para ilustrar esse fato, na Figura 9 observou-se detalhe de um dos sistemas instalados em Pernambuco, onde foram projetados elementos no PRS, como a boca do poço selada, manômetro, hidrômetro, válvula de retorno e tubulação externa de alumínio. Na Figura 10, da mesma forma, há um croqui da boca do poço, pertencente ao projeto do PRS, mostrando a semelhança entre os dois projetos. (Lorenzo e Egido, 1999; Fedrizzi, 2003).

Figura 8. Boca do poço do Projeto Eldorado no sistema Inaja, PE. (Fonte: Fedrizzi, 1998).

Em 2001 foram levados a cabo dois grandes projectos de bombagem fotovoltaica, ambos com participação espanhola. O primeiro deles, nas Filipinas, está em fase de implantação, e na sua primeira fase serão instalados 122 sistemas em comunidades rurais da zona do programa de reforma agrária (ERA SOLAR, 2001). O segundo - Projeto MEDA (Photovoltaic pumping Programmed in Mediterranean countries, the Mediterranean region of Morocco, Algeria and Tunisia (EUROPEAID, 2002), que beneficiará países do Norte de África como Marrocos, Argélia e Tunísia está em fase de elaboração e negociação entre as partes e deverá ter pelo menos 90 kWp de capacidade instalada em comunidades rurais de baixos rendimentos (EUROPEAID, 2002). Este projeto conta com o know-how técnico e, como inspiração, com as experiências do Grupo de Sistemas do Instituto de Energia Solar da Universidade Politécnica de Madrid (UPM), que participou, entre outros, num projeto fotovoltaico de abastecimento de água a 22 comunidades rurais situadas no Vale do Rio Draa, no sudeste de Marrocos (o projeto do Vale do Rio Draa é o resultado da cooperação espanhola), contando inicialmente com ONG espanholas, o CIPIE, e com os Engenheiros sem fronteiras e outras organizações marroquinas. A Associação TICHKA contará no futuro com a participação do Grupo do Instituto de Sistemas de Energia Solar da UPM).

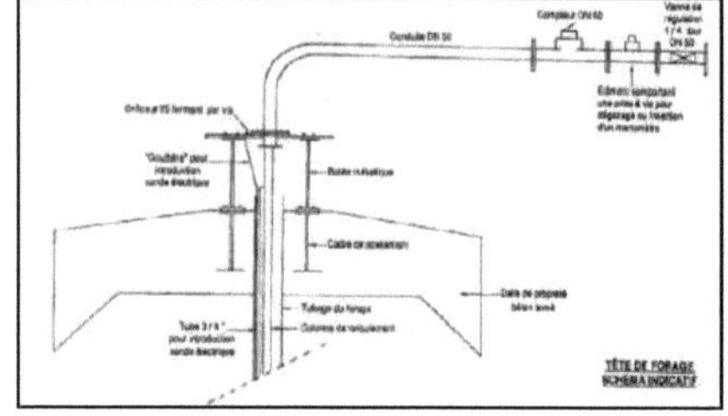

Figura 9. Esboço da boca do poço do PRS do Projeto. (Fonte: Lorenzo e Egido, 1999).

Para além dos numerosos projectos implementados em países em desenvolvimento para abastecer comunidades rurais localizadas em zonas remotas, a Espanha destaca-se mesmo pela utilização de bombagem fotovoltaica no seu território, para utilização em propriedades privadas. O Governo da Andaluzia tem incentivado a aquisição desta tecnologia para a irrigação de olivais, com 40% do depósito reembolsável, e os restantes 60% pagos pelos proprietários em cinco anos. Com este programa, está a ser incentivada não só a produção de azeite, um produto de grande consumo interno e de exportação (com um aumento de até 50% da produção), mas também a sua indústria fotovoltaica, uma das mais significativas no contexto mundial (Figura 11).

Figura 10. Sistemas de bombagem fotovoltaicos utilizados para a irrigação de olivais, instalados perto de uma rede de transporte de energia eléctrica em Jaén, Espanha.

No Brasil, apesar de a tecnologia de bombeamento fotovoltaico não ser amplamente detida pelo setor privado, o país possui uma quantidade significativa de sistemas instalados por meio de programas institucionais, para o abastecimento de comunidades rurais localizadas em áreas remotas e de baixo poder aquisitivo.

3.3 Bombeamento fotovoltaico no Brasil

De entre as várias tecnologias de bombagem de água existentes, a opção fotovoltaica mostra-se uma das mais promissoras para populações sem acesso à rede eléctrica convencional e localizadas em zonas remotas. A tecnologia fotovoltaica oferece vantagens em vários aspectos, a começar pelo facto de o recurso solar existir, com maior ou menor abundância, em todo o globo, sendo a sua utilização um problema resolúvel por escalonamento. Outra vantagem importante é evitar a aquisição e o transporte permanentes de combustível usado, bem como a emissão de gases poluentes e a produção de ruído. Além disso, conta positivamente o facto de ser uma tecnologia consolidada, de elevada fiabilidade e com uma vida útil do gerador superior a 25 anos. O custo de investimento inicial é ainda uma grande barreira a ser ultrapassada, em parte, por uma economia de escala, e em parte por incentivos à sua produção e/ou aquisição.

Embora até recentemente o Brasil tenha tido uma importância marcante nos sistemas de bombeamento fotovoltaico, começa a assumir uma posição significativa no cenário mundial, graças a projetos institucionais. Os primeiros sistemas instalados no país datam de 1981, e estima-se que até 1994 tenham sido instaladas mais de 150 unidades (estimativa baseada em informações de profissionais que atuaram nesse período). Nos últimos nove anos, no entanto, o setor experimentou um crescimento considerável devido às ações do Ministério de Minas e Energia (MME) com o Programa de Desenvolvimento Energético dos Estados e Municípios (PRODEEM). No âmbito desse programa foram adquiridos cerca de 2.500 sistemas, entre as fases II, III, fase IV e emergencial, representando uma potência de aproximadamente 1,2 MWp (Brasil, 2001). As demais iniciativas totalizam 806 sistemas, com cerca de 361 kWp de potência instalada.

Apesar do visível aumento do número de projectos de bombagem fotovoltaica, a experiência no país tem demonstrado que os problemas ocorrem de forma recorrente, podendo estes ser de carácter estrutural próprio, de planeamento das especificações técnicas dos equipamentos, de introdução de tecnologia, de adaptação dos utilizadores à nova tecnologia, da estrutura de operação e manutenção, entre outros.

De acordo com trabalho realizado por Fronza et al. (2008a), o uso da irrigação na figueira Roxa de Valinhos, obteve aumento de 11 t de figos maduros ao utilizar a irrigação.

A produtividade aumentou de 21 t/ha para 32 t/ha, ou seja, houve um aumento de R$ 22.000,00 por ha (sendo o preço ao produtor de R$ 2,00 por Kg). O sistema de irrigação utilizado no experimento tem um custo de R$ 5.000,00 por ha, demonstrando a viabilidade do uso da irrigação desde que haja água e sistema de bombeamento para o uso da técnica.

Os mesmos autores estudando a viabilidade do uso da irrigação em goiabeiras ('Paluma') encontraram aumento de produtividade de 28 t/ha, passando de 35 t/ha para 63 t/ha, comparando ensaios sem irrigação e irrigados, respetivamente. Os autores citam a importância do desenvolvimento de novas formas de bombeamento de água para áreas rurais onde a disponibilidade de energia elétrica é menor e/ou a distância muitas vezes inviabiliza o uso da irrigação. Na Tabela 2, são apresentados os períodos críticos das culturas ao déficit hídrico, ou seja, épocas em que a falta de água causa grande perda na produtividade.

Quadro 2. Períodos críticos de défice hídrico das culturas.

Culture	Critical period
Lettuce	All cycle, especially in the formation of the head.
Oats	Differentiation of the Primordium to floral grain filling.
Potato	Formation of stems roots and tubers.
Beets	3 the 4 weeks after emergence.
Onion	Transplant and growth of bulbs.
Cauliflower	From planting to harvest.
Citrus	Flowering and fruit formation.
Pea	Flowering grain filling.
Beans	Flowering, pods and early development.
Melon and watermelon	Flowering to harvest.
Corn	Flowering, early grane formation, Milky grain filling.
Strawberry	Development of fruits until maturation.
Soybeans	Flowering, fruiting and vegetative growth.
Tomato	Flowering and fruit development.
Grape	The entire production period.

(Fonte: Fronza e Schons, 2008).

Para o produtor é importante a disponibilidade de água nos períodos críticos evitando assim perdas de produtividade e aumentando o rendimento das culturas. No Quadro 3, são apresentados dados de consumo de água para algumas espécies vegetais durante todo o ciclo da cultura.

Tabela 3. Consumo de água para diferentes culturas durante o ciclo completo de desenvolvimento.

Culturas	(Mm)	Média (mm)	(m³ /ha)
Abacate	650-1000	825	8,250
Alfafa	600-1500	1,050	1,050
Arroz*	550-900	725	7,500
Banana	700-1700	1,200	1,200
Batata	500-800	650	6,500
Beterraba	1000-1500	1,250	1,250
Cebola	350-600	475	4,750

Feijões	300-500	400	4,000
Fumo	300-500	400	4,000
Grãos	300-450	375	3,750
Legumes	250-500	375	3,750
Laranja	600-950	775	7,750
Milho	400-700	550	5,500
Soja	450-875	640	6,400
Tomate	300-600	450	4,500
Uva	450-900	675	6,750

(Fonte: Fronza e Schons, 2008). *Nota: Para o arroz de regadio, o consumo médio é de 15.000 m^3 /ha.

CAPÍTULO 4 - Materiais e métodos

O trabalho de pesquisa foi realizado em duas estações localizadas no município de Santa Maria-RS. Na primeira estação, localizada na comunidade de Campbell, também em Santa Maria, foi instalado apenas o sistema eólico. Já a segunda estação, implantada no Colégio Politécnico da UFSM, foi instalado um sistema eólico e outro fotovoltaico (sistema híbrido) (Figura 12).

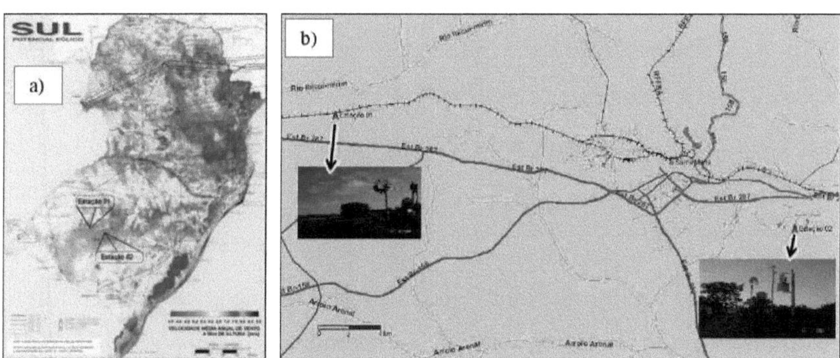

Figura 11. (a) Localização das estações. (Fonte: adaptado do Atlas eólico do sul do Brasil-CRESEB, Amarante et al., 2001). (b) Mapa rodoviário (localização das estações). (Fonte: Mapa Eólico do Sul).

A experiência foi instalada nos anos de 2007 a 2009. Foram realizados estudos sobre a aplicação de cata-ventos e sistema fotovoltaico para irrigação. Foram construídos e utilizados dois tipos de cata-ventos e bombas de PVC para a aplicação dos cata-ventos.

4.1 Materiais utilizados

4.1.1 Turbinas eólicas do tipo Savonius

Turbinas de eixo vertical do tipo arrasto, funcionando à partida utilizando o atrito provocado pelo vento nas pás da turbina. Este modelo de turbina é de construção simples, pois funciona para qualquer direção de vento, podendo ser constituída por duas partes de um IVA cortado ao meio, uma parte fixada em oposição a outra, por uma de suas arestas longitudinais opostas, conforme sua conceção original pelo engenheiro J. Savonius. Ver Figura 13 abaixo:

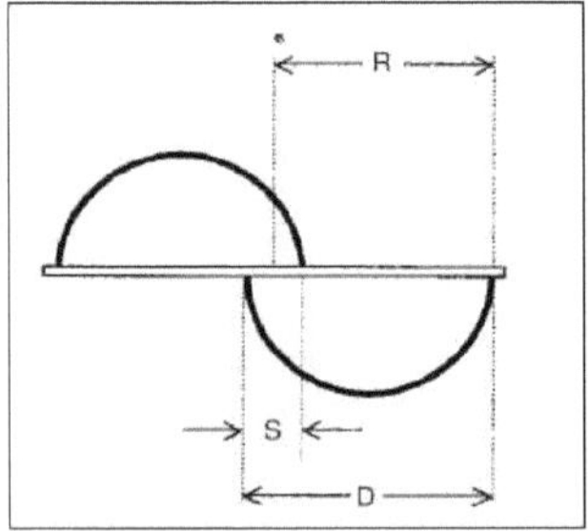

Figura 12. Modelo de turbina do tipo Savonius. Secção transversal de uma turbina Savonius.

A melhor configuração para os meios dos barris é dada pelas relações:

$$R = D - 0,5 \times S$$

$$S = 0,1 \times D \quad (3)$$

O binário da turbina Savonius é produzido pela diferença de pressão entre as superfícies côncava e convexa, e pelo movimento do ar que vem atrás da superfície convexa. O seu rendimento atinge 31%, mas apresenta desvantagem em relação ao peso por unidade de potência, porque a sua área de construção é totalmente ocupada por material.

Para uma instalação do tipo Savonius que utiliza barris metálicos de 200 litros, com uma estrutura de madeira do tipo H, pode-se determinar a potência para as diferentes velocidades do vento, as dimensões do IVA, nomeadamente:

D = 0,60 m (diâmetro de cada meio barril);

H = 0,85 m (comprimento do cano);

R = 0,57 m (raio de exposição ao vento).

Ao calcular a área exposta ao vento, tem:

$$A = 2 \times R \times h \quad (4)$$

$$A = 21 \times 0,57 \times 0,85 = 0,96 \ m^2$$

De toda a potência do vento, apenas uma parte pode ser extraída para a produção de energia eléctrica, e essa parte é quantificada pelo coeficiente de potência (Cp), ou seja, a relação entre a potência possível de extrair do vento e a potência total nele contida. Segundo Betz, 1919, o valor máximo de Cp é 16/27 = 0,5926. A potência da turbina, então, pode ser dada por:

$$Pt = (Cp \times \rho \times S \times V^3) / 2 \ (em \ Kgm/s) \quad (5)$$

Onde:

ρ= densidade específica do ar (1,2929 Kg/m³ a 0⁰ C e ao nível do mar);

S = a área varrida pelas hélices ou pás (m²);

V = velocidade do vento (m/s);

1 Kgm/s = 9,81 w

Se S = 1 m² , o potencial total do vento pode ser obtido a partir da equação 1 (sem ter em conta as perdas aerodinâmicas no rotor, as variações da velocidade do vento em várias partes da bacia hidrográfica, o tipo de rotor, entre outros).

$$P/A = 0,593 \times 0,6464 \times V^3 \qquad (6)$$

$$P/A = 0,3831 \times V^3$$

Onde:

P/A= potência eólica (W/m²);

V = velocidade do vento (m/s);

A potência eólica de um local é diretamente proporcional à distribuição de ocorrência das velocidades, pelo que locais com a mesma velocidade média, podem apresentar valores de potência eólica bastante diferentes. Na Figura 14, é mostrada a forma típica desta distribuição de ventos para uma determinada localidade.

Figura 13. Gráficos demonstrativos da distribuição típica do vento num determinado local. (Fonte: Krauter, 2005).

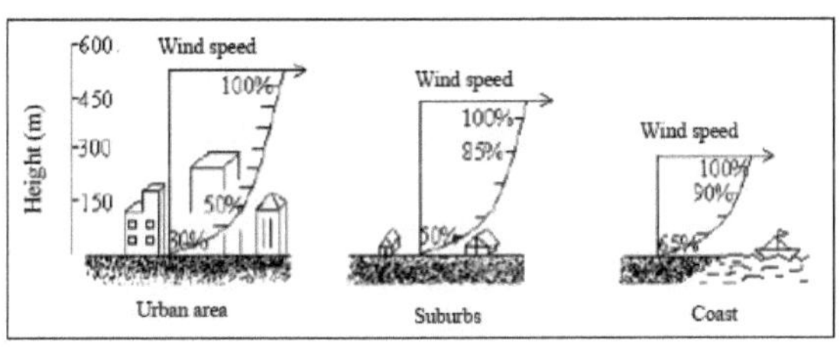

As possíveis causas de uma perda de velocidade e, consequentemente, de energia eólica, são os edifícios e as árvores nas imediações. As árvores, as barreiras de vento e as florestas são barreiras porosas em relação ao vento, ao contrário das montanhas e das construções fabricadas. (Farret, 1999)

A porosidade é definida como a relação entre a área aberta e a área total perpendicular à direção do fluxo de ar e pode ser expressa como no Quadro 4.

Tabela 4. Porosidade (relação entre a área aberta e a área total perpendicular à direção do fluxo de ar).

Porosidade (%)	Perdas para: (%)	Distâncias na direção contrária ao vento em larguras de árvores				
		5	10	15	20	30
20	Velocidade	16	7	4	3	2
	Potência	41	18	12	8	6
40	Velocidade	20	9	6	4	3
	Potência	49	25	17	13	9
Altura da região de fluxo turbulento (em altura de árvores)		1.5	2.0	2.5	3.0	3.5
Largura da região de fluxo turbulento (em larguras de árvores)		1.5	2.0	2.5	3.0	3.5

(Fonte: recuperação de pequenas fontes de energia; Farret, 1999).

Considerando um coeficiente de potência Cp= 0,15, a partir das equações 1 e 2, tem-se a potência para "n" tanques, conforme as Tabelas 5 e 6 abaixo.

Tabela 5. Tabela de valores de potência em função do número de barris (como 1 e 2 equações).

Número de tambores V (m/s)	Alt. H (m)			
	1	2	3	4
1	0.85	1.70	2.55	3.40
2	0.70	1.40	2.10	2.80
4	5.52	11.04	16.56	22.08
6	18.66	37.32	55.98	74.64
8	44.24	88.48	132.72	176.96

(Fonte: recuperação de pequenas fontes de energia; Farret, 1999).

A equação:

$$P = 0,6 \times A \times Cp \times V^3 \times n \qquad (7)$$

$$P = 0,6 \times 0,96 \times 0,15 \times V^3 \times n$$

$$P = 0,0864 \times V^3 \times n$$

Onde:

P = potência (Watts)

A = área (m)^2

CP = coeficiente de potência.

V = velocidade do vento (m/s);

n = número de barris.

Figura 15. Turbina eólica Savonius (em funcionamento na Estação 1 e Estação 2 em Campbell e UFSM - Santa Maria - RS). (Fonte: Foto do autor).

Tabela 6. Componentes do cata-vento do tipo Savonius e respectivos valores de custo (custo total e não por unidade).

Componentes	Quantidade	Valor
Bateria	2	100.00
Cano	4 m	58.00
Rolamentos	2	72.00
Ângulos	6 m	14.9
Bomba	1	138.92
Postes	2	240.00
Barra angular	6 m	83.00
Trabalho		250.00
Total	-	955.92

4.1.2 Turbina eólica de pás múltiplas

As turbinas de eixo horizontal funcionam no início do atrito provocado pelo vento nas pás da turbina.

Este modelo de turbina foi construído com um aro estriado de 1 metro de diâmetro e 16 pás, com 0,5 metros de comprimento, passando pelos 2 metros de diâmetro do rotor (Figura 146). Um conjunto de eixo e bielas que transforma o movimento horizontal do eixo em movimento vertical, onde uma haste ligada à bomba de sucção faz o movimento de subida e descida da bomba de bolhas. Esta turbina utiliza uma torre de mastro de 9 metros de altura desde o solo até ao eixo da turbina.

Figura 15. Turbina eólica de múltiplas pás. (Fonte: Foto do autor) (em funcionamento na Estação 1 e Estação 2 em Campbell e UFSM - Santa Maria - RS.). (Fonte: Foto do autor).

Tabela 7. Componentes da turbina eólica de pás múltiplas do tipo moinho de vento e respectivos valores de custo (custo total e não por unidade).

Componentes	Quantidade	Valor
Bomba	1	138.92
Correio	1	120.0
Rolamentos	4	79.2
Parafusos	36	42.0
Ferro redondo .75	3 m	29.5
Ferro quadrado ¾	30	42.0
Ferro redondo 3/8	6 m	13.4
Tubo vermelho 1" 1,75,5 mm	6 m	47.7
Tubo vermelho 2" 2 mm	6 m	68.4
Ferro 2 3/16 "Furo	6 m	48.0
Montagem 5/8	6 m	14.9
75 suporte	12 m	37.0
Ficha Ff n.º 20	2	168.0
Trabalho		420.0
	Total	1,268.92

4.1.3 Bombas em PVC

A bomba em PVC, funciona pelo princípio da bomba de sucção. Com materiais de construção listados nas Figuras 17 abaixo, além do êmbolo e uma haste toda feita de ferro mecanizado e vedações de borracha ou couro.

Figura 16. Bomba em PVC (Operando na Estação 1 e Estação 2, em Campbell e UFSM - Santa Maria - RS.). (Fonte: Foto do autor).

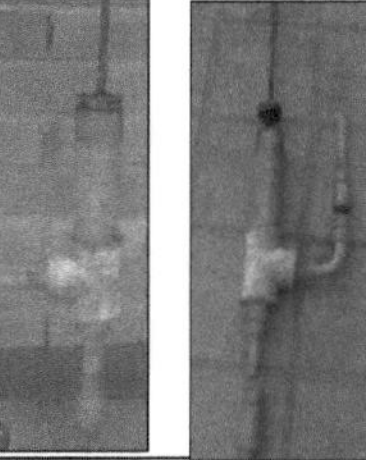

Tabela 8. Componentes Bombas de aspiração e respectivos valores de custo (custo total e não por unidade).

Componentes	Quantidade	Valor
Adaptador curto de 25 mm	2	0.78
Adaptador curto 32 mm	1	0.76
Manga comprida vermelha 50x25	1	2.26
Manga comprida vermelha 50x32	1	2.89
Curva vendida 25 mm	1	1.37
Tê vendido 50 mm	1	4.1
Vendido tubo de 25 mm	2 m	3.3
Vendido tubo de 32 mm	3 m	10.8
Vendido tubo de 50 mm	1 m	5.9
Válvula de retenção 1,75	1	19.26
Válvula de aspiração 1"	1	12.5
Bolha metálica	2	10.0
Haste roscada	1	15.0
Trabalho		50.0
	Total	180.92

4.1.4 Reservatórios para utilização de águas superficiais.

Nos reservatórios construídos sob a forma de pequenas barragens com pneus de rocha, como mostra a Figura 18, são armazenadas as águas pluviais e os galpões, de forma a evitar o uso de águas subterrâneas.

Figura 17. Barragem de enrocamento com pneus, em operação na estação 1 (na UFSM-Santa Maria-RS.). (Fonte: Foto do autor).

4.1.5 Reservatório de ar para acumulação de água com o objetivo de ser utilizado na rega gota a gota.

Este reservatório é construído a 9 metros de altura do solo, com postes e dormentes de madeira, que servirão de suporte para uma caixa de fibra de 7.000 litros, conforme ilustra a Figura 19. Tem como objetivo armazenar água de reservatórios superficiais, para irrigação por gotejamento.

Figura 18. Tanque de ar para acúmulo de água (na estação 1, na UFSM - Santa Maria - RS). (Fonte: Foto do autor).

4.1.6 Conjunto de bombagem de energia solar (fotovoltaica)

Para a utilização do conjunto de bombeamento do sistema direto com energia solar fotovoltaica, foi utilizado um painel fotovoltaico de 0,60 metros de largura e 1,10 metros de altura, com potência de 71 Watts, e uma bomba Shurflo 8000 modelo-443-136, (Figuras 20).

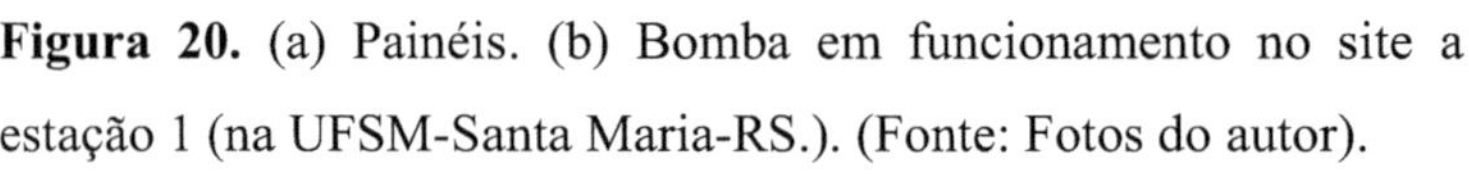

Figura 20. (a) Painéis. (b) Bomba em funcionamento no site a estação 1 (na UFSM-Santa Maria-RS.). (Fonte: Fotos do autor).

4.1.7 Sistema fotovoltaico (componentes e respectivos valores)

Painel fotovoltaico R$ 1.200,00; Bomba 12V R$ 350,00; Total R$ 1550,00.

4.1.8 Sistema eólico

Inicialmente, foram feitos 2 modelos de spinner, um modelo de eixo vertical Savonius e outro de pás múltiplas com as respectivas bombas feitas em PVC. Para a instalação dos mesmos foram realizados testes como segue: Equipamentos caseiros. (Anexo1 Anemómetro e balança e Anexo 2 copo medidor e cronómetro).

4.2 Metodologia utilizada no estudo de caso

Caracterizado como uma pesquisa aplicada, este trabalho foi desenvolvido com os materiais, equipamentos e informações disponíveis, e o escopo da análise desenvolvida foi conduzido de acordo com as seguintes etapas:

- ✓ Recolha e análise de dados relativos à velocidade média dos ventos no local;
- ✓ Necessidade de definição da quantidade de água a utilizar no âmbito do projeto de irrigação;
- ✓ Descrição do sistema a utilizar nos sistemas de bombagem;
- ✓ Recolha e análise dos resultados obtidos com as medições efectuadas nas etapas acima descritas.

Com relação às etapas acima, os dados de velocidade do vento, em função da altura e de diferentes horários, foram coletados na estação meteorológica da UFSM. Os mesmos foram coletados com o apoio da equipe de irrigação do Colégio Politécnico, localizado na mesma instituição. O período de coleta foi iniciado em setembro de 2007 a setembro de 2008. Os dados de velocidade do vento foram coletados in loco, com o auxílio de um anemômetro de bolso da marca ANEMO, conforme Anexo 2.

A recolha e análise dos dados relativos à velocidade média do vento no local foram efectuadas de acordo com os seguintes passos:

- ✓ Definir a quantidade de água a ser utilizada no âmbito do projeto de irrigação;
- ✓ Caracterizar o sistema a utilizar nos sistemas de bombagem;
- ✓ Recolher e analisar os resultados obtidos com as medições efectuadas nas etapas acima descritas.

CAPÍTULO 5 - Resultados e discussão

5.1 Sistema fotovoltaico

Posteriormente, serão apresentados os resultados dos sistemas fotovoltaicos e eólicos, suas capacidades de bombeamento de água e necessidades para os sistemas de irrigação. Na apresentação da Tabela 9, então observada, pode-se evidenciar que o mês de junho é o mês com menor incidência de radiação solar na cidade de Santa Maria, no qual a radiação solar média diária é de 2,5 kwh/m^2 .dia. Observa-se que o mês de dezembro é o de melhor disponibilidade de radiação solar com 6,97 kwh/m^2 , período em que corresponde a maior transpiração das plantas e maior necessidade de irrigação. Em suma, quanto maior a radiação solar, maior o bombeamento de água.

Tabela 9. Radiação solar média mensal para os 12 meses do ano em Santa Maria - RS.

Nearby locations														
Latitude: 29.653889°-Longitude: 54.023611° South West														

Municipality	UF	Latitude				Longitude				Distance (Km)				
Santa Maria	RS	29.6841660 S				53.8069440 0				21.2				

Mean daily radiation (kwh/m^2-dia)														
Jan	Feb	March	Apr	May	Jun	Jul	Aug	Sep	Oct	Nov	December	Mean	Delta
5.97	5.61	4.86	4.0	3.14	2.50	2.81	3.44	4.19	5.67	6.61	6.9	4.6	4.4

Na Tabela 10, o volume bombeado, em função da necessidade de irrigação complementar para as culturas de figo e goiaba. O volume total de água a ser fornecido é de 5.000 m^3 de água por hectare, o que corresponde a 500 mm. Assim, para este trabalho, considerou-se que a necessidade anual de água da goiaba é de 750 mm (7.500 m^3 /ha) e da cultura do figo 650 mm (6.500 m^3 /ha). O maior consumo da goiaba é explicado, pois ela permanece 12 meses com folhas, ou seja, sempre em transpiração e o figo, ao contrário, permanece apenas 9 meses com área foliar (caducifólia) sendo mínima a sua transpiração. Os meses de maior insolação, ou seja, dezembro e janeiro, correspondem aos meses de maior consumo de água, onde são fornecidos 76 mm e 75 mm para a cultura, correspondendo aproximadamente 12 dias com fornecimento de 6 mm.

Tabela 60. Horas de sol, volume de água bombeada e o número de painéis fotovoltaicos necessários para 1 hectare.

Meses do ano	Horas de insolação (h)	Volume bombeado (m)^3	Número de painéis fotovoltaicos
janeiro	277	749.61	9
fevereiro	217.9	589.67	9
março	211	461.19	9
abril	220.6	459.21	9
maio	156.7	293.58	9
junho	122.6	153.12	9
julho	132.5	165.49	9
agosto	159.9	199.71	8
setembro	184.2	364.27	9
outubro	170.6	355.13	9
novembro	267.6	584.91	8
dezembro	281.3	761.25	9
Total	2,401.9	4,817.14	

Vale ressaltar que só foram consideradas a insolação com capacidade de bombeamento e o tempo em que a radiação esteve acima de 500 watts por hora, radiação esta com capacidade de bombeamento. Foi considerada também a movimentação dos painéis 3 vezes ao dia, pelo produtor. Para o cálculo da capacidade de bombeamento, foi verificado, in loco, o bombeamento, conforme mostra a Tabela 11, localizada abaixo.

Tabela 71. Capacidade de bombagem de água média mensal fornecida pelos painéis fotovoltaicos - altura: 14 metros.

Meses	Média de bombagem (L/min.)	Volume bombeado por painel (m)^3
janeiro	5.0	83.10
fevereiro	5.0	65.37
março	4.0	63.39
abril	3.5	66.18

maio	3.0	47.01
junho	2.0	36.78
julho	2.0	39.75
agosto	2.5	47.97
setembro	3.5	55.26
outubro	4.0	51.18
novembro	4.5	80.23
dezembro	5.0	84.39
Total	44.0	720.61

Na Figura 21, a correlação entre as horas de insolação e o volume bombeado. É possível verificar que entre os meses de novembro a janeiro a radiação solar é de maior intensidade provocando maior caudal no sistema de bombagem. Este período de maior bombagem coincide com os períodos de maior necessidade de rega das plantas o aumento da transpiração é complementado pelo aumento da bombagem.

Figura 19. Volume bombeado para irrigação suplementar fornecida por painéis fotovoltaicos 9. (Fonte: Elaboração do autor).

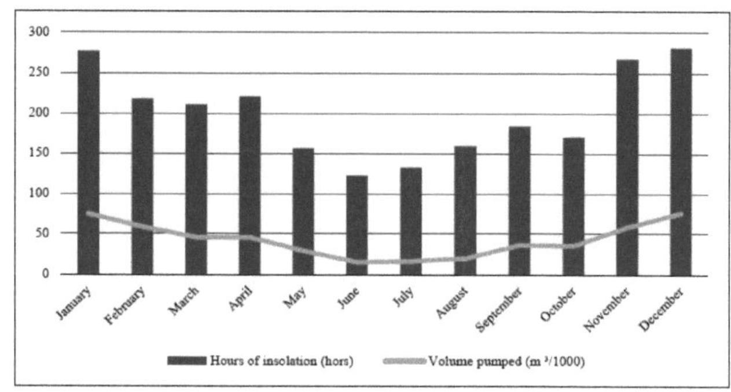

5.2 Necessidade de painéis para satisfazer a procura de culturas

Na Figura 22, é ilustrada a necessidade de painéis para o fornecimento de água adicional utilizada na irrigação. O cálculo dos painéis foi efectuado com base nas necessidades hídricas complementares da cultura, sendo para 1 ha e a bombagem diferencial ao longo dos meses, como se mostra na tabela 10. O volume bombeado por hectare foi de aproximadamente 5.000 m^3 /ha, ou seja, 500 mm.

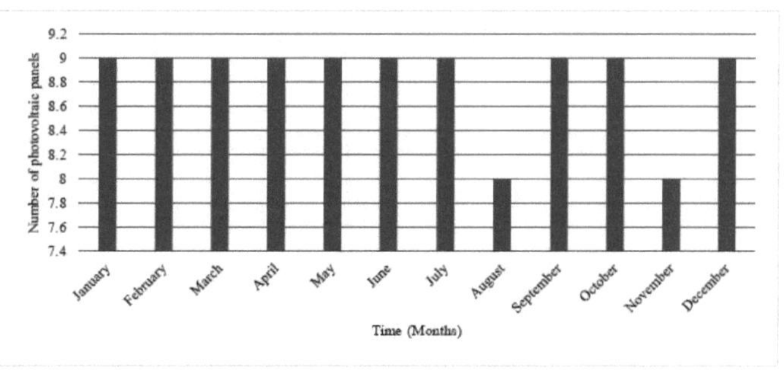

Figura 20. Necessidade de painéis fotovoltaicos para abastecimento de água suplementar utilizada para rega.

5.3 Viabilidade do sistema (o volume do gráfico horário data-hora l/h).

Como pode ser observado na Tabela 12, o custo de bombeamento e irrigação é de R$ 2.380,00 por hectare/ano. Conforme Fronza et al. (2008b) utilizando a irrigação na goiaba o incremento da safra é de 30 t/ha, ou seja, com o preço ao produtor de R$ 1,00/kg, temos um incremento bruto de R$ 30.000,00 e R$ 27.620,00, o que corresponde a um aumento de aproximadamente 100% da receita e, principalmente, por garantir a safra reduzindo a dependência do clima. Um pomar sem irrigação produz 25,0 t/ha e com irrigação 55,0 t/ha. Os ganhos são maiores porque temos maior percentual de frutos com classe extra de melhor preço, muitas vezes 20% maior preço. Para a cultura da figueira, o incremento com o uso da irrigação é de 11,0 t/ha, e o preço ao produtor de R$ 2,00 /kg aumentou a receita bruta em R$ 22.000,00 e a receita líquida em R$ 19.620,00. Ambas as culturas apresentaram viabilidade para o uso da irrigação, bem como para a tecnologia testada.

Tabela 8. Custo da bombagem anual de 5.000 m^3 de água por painéis fotovoltaicos 9.

Item description	Value in R$
Pumping (9 pl. × 0.27/m³) p/10 years	1,380.00
Irrigation (R$ 5,000.00/he: cx + irrigation system.). Duration 5 years	1,000.00
Total for hectare	2,380.00

5.4 Energia eólica

A seguir são apresentadas algumas avaliações e observações relacionadas à energia eólica. Os valores de velocidade do vento são dados em função de 3 leituras diárias, coletadas na estação agrometeorológica da UFSM (Tabela 13). Os meses subsequentes estão no Anexo 3.

Considerando as observações das velocidades do vento que indicam baixa velocidade (<3 m/s), ainda deve ser levado em consideração que nos projectos de irrigação, os custos de implantação de sistemas eléctricos têm valor elevado em comparação com os sistemas solares e eólicos.

Enquanto, para implantar 1 Km de rede de energia elétrica (monofásica) o custo é de R$ 13.000,00, a placa fotovoltaica e a bomba têm custo aproximado de R$ 1.500,00 (por conjunto); e o sistema eólico caseiro tem um custo aproximado de R$ 1.300,00 (mais bomba de cata-vento). Outro fator a ser considerado é o custo da energia elétrica, que está entre R$ 0,15 e R$ 0,25 (por watt), variando em função do desconto fornecido aos agricultores. Os sistemas de bombeamento de água para irrigação, que estão em operação na Estação 1 (Campbell) e Estação 2 (UFSM), Santa Maria, Rio Grande do Sul, Brasil, são unidades que atendem aos projetos de irrigação. Esses projetos de irrigação são atendidos por energia elétrica que tem o custo de instalação definido na tabela do Anexo 4. Os custos de construção e implantação dos sistemas eólicos, assim como os sistemas fotovoltaicos, como foi evidenciado no texto, estão se mostrando atrativos e compatíveis para pequenos projetos eólicos de irrigação, se comparados com os sistemas elétricos tradicionais, devido ao alto custo inicial destes últimos.

Tabela 9. Velocidade do vento a 10 metros de altura (durante setembro, outubro e novembro de 2007).

Dia	9 h m\s	15 h m\s	21 h m\s	Dia	9 h m\s	15h m\s	21 h m\s	Dia	9 h m\s	15 h m\s	21 h m\s
1	1.3	2.6	2.0	1	6.1	3.3	1.3	1	2.0	2.6	0.0
2	1.6	3.6	3.0	2	3.3	6.1	0.3	2	0.8	3.3	0.5
3	2.5	1.3	1.6	3	1.3	2.8	1.6	3	1.6	2.0	0
4	2.0	4.0	1.5	4	3.3	2.0	2.5	4	1.6	3.3	0
5	1.3	3.0	2.3	5	2.5	4.1	3.0	5	1.6	2.3	0
6	0.8	3.0	1.3	6	1.6	0.8	0	6	0.5	1.6	0
7	1.0	0.7	0.8	7	1.0	3.3	2.3	7	1.6	3.0	1.0
8	0.8	1.6	0.8	8	2.0	4.6	3.6	8	1.3	4.6	1.3
9	4.1	1.6	0.0	9	1.6	4.1	1.6	9	5.3	3.6	3.0
10	2.8	3.6	1.0	10	2.1	0.8	1.6	10	2.1	2.8	0

11	4.6	4.0	0.0	11	3.3	3.3	1.6	11	2.8	3.0	0
12	1.6	1.6	0.8	12	1.0	1.6	2.8	12	1.0	2.3	0
13	2.6	1.0	1.8	13	2.0	4.6	1.0	13	2.0	3.8	1.0
14	1.0	2.0	2.0	14	3.1	4.6	4.1	14	0.3	2.6	3.3
15	2.1	1.5	0.0	15	2.6	1.6	1.6	15	1.8	3.3	0.3
16	1.0	3.5	4.8	16	2.0	2.0	0.8	16	2.3	5.3	2.3
17	4.0	4.3	3.3	17	0.5	3.0	0.5	17	1.6	2.8	1.6
18	2.5	6.0	3.0	18	1.6	3.0	0	18	2.6	1.6	0.8
19	2.0	2.5	0.5	19	3.1	1.6	1.6	19	1.3	0.8	0.8
20	2.1	2.0	0.8	20	1.0	0.8	0.5	20	1.5	2.6	0
21	1.6	2.0	1.6	21	0	1.6	0.8	21	2.3	3.0	2.1
22	1.0	1.3	2.5	22	1.3	3.0	1.6	22	2.0	3.3	3.3
23	1.3	2.0	0.8	23	2.1	3.0	1.6	23	3.0	1.6	2.0
24	3.1	3.5	0.7	24	3.3	2.8	2.1	24	4.1	1.0	1.3
25	2.1	3.3	0	25	3.0	2.0	0	25	2.5	3.3	1.0
26	3.3	1.3	0.3	26	2.3	2.0	0	26	1.6	2.1	0
27	1.0	2.6	1.0	27	0.3	1.0	0	27	1.3	3.3	0
28	0.8	2.5	0	28	1.6	3.3	3.3	28	2.6	3.0	1.5
29	2.6	3.3	3.3	29	0.8	2.0	2.5	29	3.5	2.6	1.6
30	2.0	3.0	3.6	30	2.0	1.0	0	30	3.5	3.5	1.3
				31	0.5	1.6	1.6				

Para a utilização dos sistemas de bombeamento, foram instalados dois sistemas denominados Estação 1 e Estação 2, conforme Figura 23 e 24. As estações estão em um local com poucas barreiras naturais, o que faz com que haja um melhor aproveitamento do vento, que atinge maior velocidade e melhor intensidade devido ao pouco atrito com os obstáculos.

Figura 21. Estação 1 (Campbell). (Fonte: Foto do autor).

Figura 22. Estação 2 (UFSM) (Fonte: Foto do autor).

Há uma menor intensidade do vento na Estação 2 devido ao fato de ser um local onde os quatro quadrantes possuem "ventos" de eucaliptos e pinheiros, afetando a intensidade do vento, como mostra a Figura 16, o aproveitamento do vento nessas áreas e de aproximadamente 30%. Além disso, na estação, o aproveitamento do vento 01 é de aproximadamente 60%, por estar em um local sem barreiras naturais (Farret, 1999). Outro fator a ser considerado é a potência dissipada (perdas por atrito), que é diferente entre cada equipamento devido a aspectos construtivos.

Uma das possibilidades para melhorar o desempenho do equipamento é não só aumentar o número de pás, como também o comprimento das mesmas. Outra possibilidade é elevar a altura da Torre (aerogerador). Isso aumentaria a velocidade e a intensidade do vento, como podemos observar o aumento da velocidade de 1,4 m/s a 2 metros de altura na data 02/06/09 para 2,5 m/s a 10 metros de altura no mesmo dia e mesmo horário. Na velocidade de 3,89 m/s e intensidade 3, o volume bombeado foi de 51,4 l/h na estação 02-UFSM, enquanto que na estação 01-Campbell, com a mesma velocidade e intensidade 4, o volume bombeado foi de 180 l/h, representando um aumento de 250% no volume bombeado, sendo 360% maior o bombeamento. Na estação 02-UFSM, com velocidade de 2,86 m/s e intensidade 2, o volume bombeado é de 25,7 l/h, e na estação 01-Campbell, com a mesma velocidade e intensidade 3, o volume bombeado foi de 60,0 l/h, ou seja, um aumento de 133%.

Para irrigação suplementar de 5.000 m^3 /ha para o caso da Estação 1, seriam necessários 40 aerogeradores com bombeamento de 600 l/dia (10 horas por dia de vento e 200 dias de vento por ano). Para contornar este problema, poderiam ser utilizados aerogeradores com pás maiores ou com maior altura. O custo desses 40 aerogeradores seria de aproximadamente R$ 60.000,00, sendo que sua vida útil é de dez anos e o custo de manutenção é de 10% e o custo anual seria de R$ 1.200,00 (equipamentos), R$ 1.200,00, R$ 5.000,00, juntamente com o sistema de irrigação e a caixa d'água, tem um custo de R$ 14.000,00 ha/ano, mostrando-se viável tanto para o cultivo da figueira como da goiabeira, citado por Fronza e Schons (2008). Para as condições de Santa Maria, estudos no Colégio Politécnico da UFSM indicam que a irrigação, nas videiras utilizadas para mesa (Vênus e Niágaras), a produtividade aumenta em mais de 10 t/ha quando se faz uso da irrigação sendo o preço mínimo de venda R$ 2,00/Kg correspondente a R$ 20.000,00.

Para a Estação 2 (UFSM), seria necessário triplicar o número de 40 para 120 para-brisas, com isso, deverá ser feito um estudo de viabilidade técnica e econômica considerando a produção em escala de para-brisas e a freqüência dos ventos com Velocidade acima de 3 m/s, considerada por Krauter (2005), como viável para o bombeamento com sistemas eólicos. Possivelmente, o bombeamento seria útil para uso em volumes menores, por exemplo, na produção animal e uso urbano (lavagem de carros).

Possivelmente, sistemas eólicos com mais de 30 anos de estudo e com diferentes aspectos de construção teriam uma melhor eficiência.

Com observações com palhetas múltiplas o modelo Kenya, localizado na Estação 2, com modelos de eficiência de bombeamento industrial chegou a valores de bombeamento: 0,5 l/s a uma velocidade de 2 m/s, 1,0 l/s a uma velocidade de 4,0 m/s e 3,0 l/s a uma velocidade de 6,0 m/s.

Tabela 104. Dados relativos à velocidade e intensidade do vento nas estações

Velocidade do vento (m/s)	Intensidade	Volume/tempo
Estação 1- Canabarro		
2.86	2	1 1/2 min 20s
3.66	2	1 1/2 min 3s
3.89	3	1 1/1 min 10s

4.66	3	1/50s

Estação 2- UFSM

2.86	2	1 l/2 min 20s
3.66	2	1 l/2 min 3s
3.89	3	1 l/1 min 10s
4.66	3	1/50s

Como podemos observar, na Tabela 15, a bombagem nos meses de maior necessidade de rega (Dez-Mar) é de aproximadamente 750 m³ /ha, ou seja, 75 mm. Assim, o sistema fornece apenas 6 m³ /mês indicando a necessidade de 120 aerogeradores na estação 1 e 240 aerogeradores na estação 2 para bombear água de rega para o abastecimento de 1 ha.

Como demonstrado no caso estudado com o sistema Fotovoltaico, este se mostra mais econômico, tendo um custo de R$ 1.400,00 ha/ano para o bombeamento, enquanto que quando utilizado o Sistema Eólico de Múltiplas Pás, este custo passou para R$ 10.000,00 ha/ano.

Tabela 11. Título: velocidade do vento durante 12 meses em 2 estações de recolha de dados

Meses	Dias com vento superior a 3 m/s	Bombagem em 4 horas	
		Estação 1 (l/mês)	Estação 2 (l/mês)
setembro/07	20	4,800	2,056.0
outubro/07	23	5,520	2,364.4
novembro/07	27	6,480	2,775.6
dezembro/07	25	6,000	2,570.0
janeiro/08	22	5,280	2,261.6
Fev/08	14	3,360	1,439.2
março/08	22	5,280	2,261.6
Abr/08	11	2,640	1,130.8
maio/08	17	4,080	1,747.6
junho/08	12	2,880	1,233.6
julho/08	15	3,600	1,542.0
agosto/08	20	4,800	2,056.0

CAPÍTULO 6 - Debate

No presente estudo, o sistema fotovoltaico revelou-se mais eficiente do que os outros sistemas. A turbina Savonius não foi considerada neste estudo devido à baixa intensidade do vento, sugerindo um estudo mais aprofundado sobre este sistema de bombagem, uma vez que é pouco dispendioso.

No caso estudado, verificamos que a bombagem de água para irrigação através do sistema eólico era ineficiente.

Para o bom funcionamento do sistema de energia eólica, é importante desenvolver um maior estudo sobre os aspectos construtivos, bem como sobre a velocidade do vento no local.

A implantação destes sistemas simplificados é acessível aos agricultores, devido ao baixo custo inicial de instalação. Desta forma, é-lhes dada a possibilidade real de ganhos financeiros e agrícolas, bem como uma melhoria ambiental e social significativa.

Como o projeto tem um enquadramento ambiental e social, apresenta ganhos significativos com o aproveitamento e utilização da água hoje dispersa na natureza, ou seja, as águas pluviais e superficiais, através da construção de reservatórios para situações críticas de seca, deixando para as gerações futuras uma riqueza no subsolo para mais utilização.

Estudos construtivos de moinhos de vento, utilizando diferentes tipos e números de pás, diferentes alturas do moinho, avaliação do sistema mecânico x altura.

Construir mapas pormenorizados da velocidade do vento em diferentes locais (avaliação no local).

O Governo apoia a investigação no domínio das energias eólica e solar em pequenos módulos, a fim de beneficiar o pequeno produtor rural.

Apoio à utilização em maior escala da energia fotovoltaica, favorecendo a produção industrial em série, reduzindo assim o custo de produção.

Referências

Aldabó R. 2002. Energia eólica. Säo Paulo: Artliber.

Amarante OAC, Zack MBJ, Sá AL. 2001. Atlas do potencial eólico brasileiro. Brasília.

Anhalt J. 1995. Introdução de sistemas de bombas fotovoltaicas: relatório final sobre a realização de um projeto. GTZ, Fortaleza.

Barlow R, McNelis B., Derrick A. 1991. Status and experience of solar PV pumping in developing countries. Em Tenth EC Photovoltaic Solar Energy Conference (pp. 1143-1146). Springer Netherlands.

Betz A. 1919. Com apêndice de Prandtl. L.," Screw propellers with Minimum Energy Loss," Göttingen Reports, 193-213.

Brasil. 2001. Ministério de Minas e Energia. Programa de Desenvolvimento Energético de Estados e Municípios. Documento básico. Brasília: MME/PRODEEM.

BTM, Consult. 2000. International wind energy development. Ringkobing, Dänemark März.

Campos TS, Atahui SR. 2001. Desenvolvimento tecnológico de microgeradores eólicos. Apresentado no CONIMERA. Programa de Energia do ITDG-Perú.

Derrick A. 1993. Uma visão geral do mercado de PV. Financiadores: James and James Science Publishers.

EPIA. 1996. Photovoltaics in 2010; Comissão das Comunidades Europeias - Direção-Geral da Energia; Relatório de síntese.

ERA SOLAR. 2001. Energias renováveis, medioambiente, ahorro energético. Madri: SAPT, (Publicaciones Técnicas).

EUROPAID/114523/D/S/Multi. 2002. In: Implementação de um programa de bombagem de água fotovoltaica nos países mediterrânicos Região mediterrânica Marrocos Argélia e Tunísia: anexo II. Disponível em http://europa.eu.int/comm./europeaid/cgi/frame 12.pl. Acedido em: 20 de novembro de 2002.

Farret FA. 1999. Aproveitamento de pequenas fontes de energia elétrica, Santa Maria: Ed. da UFSM.

Fedrizzi MC, Jordá A. 1998. Relatório de viagem de campo realizada em comunidades rurais no vale do Rio Dräa, sudeste marroquino- utilizaçäo do recurso hídrico pelas mulheres: relatório interno. Laboratório de Sistemas Fotovoltaicos - IEE/USP, Säo Paulo.

Fedrizzi MC. 1997. Fornecimento de água com sistemas de bombeamento fotovoltaico - dimensionamento simplificado e análise de competitividade para sistemas de pequeno porte. Dissertacão (Mestrado) - Programa Interunidades de P0s-Graduacäo em Energia da Universidade de Säo Paulo, 150 p.

Fedrizzi MC. 2003. Sistemas fotovoltaicos de abastecimento de água para uso comunitário: linhas apreendidas e procedimentos para potencializar sua difusäo. Tese (Doutorado) - Programa Interunidades de P0s-Graduagäo em Energia da Universidade de Säo Paulo, 174 p.

Fraidenraich N. 2002. Abastecimento de água em áreas rurais mediante bombeo fotovoltaico - Projeto PIPVI.5 CITED. In: VIII Seminário Ibero-Americano de Energia Solar: Abastecimento de água em áreas rurais mediante bombeamento fotovoltaico, Recife-PE.

Fronza D, Schons R. 2008. Fundamentos de Irrigado e Drenagem. Santa Maria-RS: Apostila Didática. Colégio Politécnico da UFSM.

Fronza D, Carlesso R, Brackman A, Fantinel AL, Hamann J, Griebeler A. (2008b). Efeito da fertirrigagäo na goiabeira Paluma. In: Congresso Brasileiro de Fruticultura, 20. Vitória. Anais... Vitória, Espírito Santo.

Fronza D, Carlesso R, Brackman A, Santos OS, Poerske PR, Fantinel AL, Hamann J, Trevisan P (2008a). Produgäo de figo de mesa roxo de Valinhos sob fertirrigagäo. In: Congresso Brasileiro de Fruticultura, 20., Vitória. Anais. Vitória, Espírito Santo.

GTZ, 1996. Disponível em: http://www.ilo.org/aids/Projects/WCMS_116577/lang--en/index.htm. Acesso em 26 Agt. 2006.

Hahn H. 1995. Maturidade técnica e fiabilidade dos sistemas de bombagem fotovoltaicos. In: Actas da 13ª Conferência Europeia sobre Energia Solar Fotovoltaica, (pp. 1783-1786).

Halcrow W et al. 1984. Handbook on solar water pumping: intermediate technology publications. Londres: Reading & Swindon.

Hulscher W, Frankel P. 1994. O guia do poder. Universidade de Twente, 2ª ed.

Koner PK, Joshi JC, Chopra KL. 1991. Instalação de teste de bombas de água fotovoltaicas. Revista internacional de energia RERIC 13(2):81-97.

Krauter S. 2005. Usos da energia eólica. Universidade Federal do Rio de Janeiro.

Lorenzo E, Egido MA. 1999. La tecnología europea de bombeo de agua mediante energía solar fotovoltaica frente al PRS-II. Madri: Instituto de Energia Solar - Universidad Politécnica de Madrid, *(Projeto)*.

Lorenzo E, Zilles R. 1994. Teste de módulos e matrizes fotovoltaicas na usina fotovoltaica de Toledo de 1MW. In: 12th European Photovoltaic Solar Energy Conference, Amsterdão, Holanda, v. 1, p. 807-809.

Malbranch P. et al. 1994. Recent developments in PV pumping applications and research in the European Community. In Proceedings of the 12th European Photovoltaic Solar Energy Conference, Amesterdão (pp. 476-481).

Mayer O, Baumeister T, Festl T. 1995b. Projeto, simulação e diagnóstico de sistemas de bombagem fotovoltaica com DASTPVPS. In Proceedings of the 13th European Photovoltaic Solar Energy Conference (pp. 1915-1917).

Mayer O, Zangerl HP, Klemt M. 1995a. Arranque de bombas de parafuso através do ajuste ótimo dos parâmetros do inversor. In: Actas da 13th Conferência Europeia sobre Energia Solar Fotovoltaica.

Parente V, Goldemberg J, Zilles R. 2002. Comentários sobre curvas de experiência para módulos fotovoltaicos. Progress in Photovoltaics: Research and Applications. 10(8): 571574.

Perlin J. 1999. From space to earth: the story of solar electricity. Earthscan.

Pinho JT, Barbosa CFO, Pereira EJS, Souza HMS, Blasques LCM, Galhardo MAB, Macedo WN. 2008. Sistemas Híbridos. Solues Energticas para a Amaznia. 1ª Edigao. Ministério de Minas e Energia, Brasília-DF, 396 p.

Protogeropoulo C, Tselikis N. 1997. Avaliação técnica de um sistema de bombagem de água fotovoltaico de baixo custo e baixa potência e comparação com uma bomba fotovoltaica típica comercializada. In Proceedings of the 14th EC photovoltaic solar energy conference (pp. 2542-45).

PRS. 1996. Programa Solar Regional. Lições e Perspectivas. Bruxelas: Comissão Europeia (DG VII), Fundação Energias para o Mundo.

Renewble Energy Word, 2005. Disponível em: http://www.renewableenergyworld.com. Acesso em 2o abr. 2006.

PNUD. Projeto-GLO/78/004. 1981. Sistemas de bombagem de irrigação de pequena escala alimentados por energia solar: Relatório da Fase I do Projeto. Financiadores: Grupo de Desenvolvimento de Tecnologia Intermédia.

Vilela OC, Fraidenraich N. 2001. Caracterizagao, simulagao e dimensionamento de sistemas fotovoltaicos de abastecimento de agua. Tese (Doutorado) - Departamento de Energia Nuclear - Universidade Federal de Pernambuco.

OMS. 2003. Organização Mundial de Saúde. (2003). Relatório sobre a saúde no mundo 2003: moldar o futuro. Organização Mundial da Saúde. [Série de publicações sobre saúde e direitos humanos - 3].

Energia eólica. 2000. Danish Windturbine Manufacturers Association, "21 Frequently Asked Questions About Wind Energy," http://www.windpower.dk/faqs.htm

Wobben A. 2005. "Sistema e método para monitorizar uma turbina eólica". Patente dos EUA nº 6.966.754. 22 Nov. 2005.

Zaffaran M. 1995. Energia solar: uma estratégia para a saúde e o desenvolvimento rural. Anuário das Energias Renováveis, 96.

Páginas Web investigadas e de interesse:

<http: //www.copel.com/copel/port/negocios.gerenergiaeolica.html/>.

<http: //www.cresesb.cepel .br/abertura.htm/>.

<http: //www://dem.ufrn.br/>.

<http: //www.inmet.gov.br>.

<http: //www.iuma.org.br/artigo s/011.thml/>.

<http: //www.seinfra. ce.gov.br/downloads. php/>.

<http: //www.ufpa. br/gedae>.

<http: //www.ufpe. br/naper>.

<htpp:// www.windpower.dk>.

Anexo 1.

Método caseiro para avaliar se o vento é favorável à instalação de aerogeradores.

Material necessário:

- 1 Bambu de 10 metros;

- Metros de fita K7;

- 1 caroço pequeno de aproximadamente (mais ou menos) 2 gramas

Instruções:

Colocar uma extremidade da fita K7 na ponta do bambu;

Na outra extremidade da fita K7, atar a pedra pequena;

Levantar o bambu onde existe a possibilidade de instalar a turbina eólica;

Observar o formato da fita em relação ao bambu e durante quanto tempo e comparar com a tabela

Deixamos claro que esta tabela não dará uma conclusão precisa, pois uma avaliação profissional deve ser feita com anemómetro durante pelo menos 1 ano. Vale ressaltar que o vento é muito pontual e deve ser analisado "in loco", mas se houver um aeroporto ou instituto de meteorologia, a velocidade média dos ventos pode ser obtida e também considerada em nossa avaliação se não houver muita variação nas velocidades.

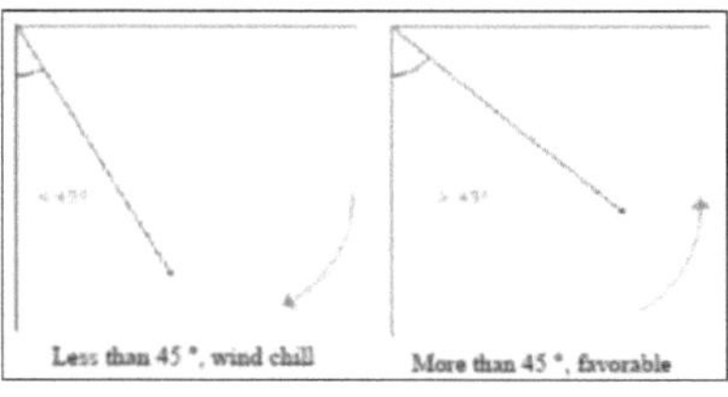

Anexo 2.

O modelo Anemómetro é facilmente operado com uma mão. Quando segurado com o braço esticado na direção do fluxo de vento, as leituras são imediatamente mostradas por ponteiros vermelhos alinhados com quatro faixas de fácil leitura, indicando a velocidade e a força do vento. A fiabilidade é assegurada pelo corpo do instrumento em termoplástico durável, concebido para ser utilizado em quaisquer condições meteorológicas e, devido à conceção mecânica, que dispensa pilhas, o anemómetro pode também ser utilizado em áreas de baixo risco, proporcionando muitos anos de medições sem problemas de funcionamento

Technical specifications	
Model	Ameno
Wind speed range	0 – 120 km/h/0-35 m/sec/0-36 us
Wind force scale	0-12 Beautfort
Accuracy class	± 3 km/h
Default	ISO 9001
Dimensions	205 mm high x 100 mm radius
Weight	325 grams

Wind power guidelines		
Wind force	Until km/h approx.	Description
0	2	Easy
1	6	Light air
2	11	Light breeze
3	19	Gentle breeze
4	25	Moderate breeze
5	35	Cool breeze
6	45	Strong breeze
7	55	Moderate blast
8	65	Fresh burst
9	77	Gust strong
10	90	Full blast
11	105	Storm
12	120	Drilling

Anemómetro e balança.

Anexo 3.

Tabelas. Velocidade do vento a 10 metros de altura.

	September 2007				October 2007				November 2007				December 2007				January 2008		
Day	m\s 9:00	m\s 3:00 pm	m\s 9:00 pm	Day	m\s 9:00	m\s 3:00 pm	m\s 9:00 pm	Day	m\s 09:00	m\s 3:00 pm	m\s 9:00 pm	Day	m\s 9:00	m\s 3:00 pm	m\s 9:00 pm	Day	m\s 9:00	m\s 3:00 pm	m\s 9:00 pm
1	1.3	2.6	2.0	1	6.1	3.3	1.3	1	2	2.6	0	1	4.6	3.3	2.1	1	2.5	3.0	2.4
2	1.6	3.6	3.0	2	3.3	6.1	0.3	2	0.8	3.3	0.5	2.0	3.0	1.0	1.8	2	2.4	3.3	0
3	2.5	1.3	1.6	3	1.3	2.8	1.6	3	1.6	2	0	3.0	3.0	3.0	1.3	3	1.3	1.3	1.6
4	2.0	4.0	1.5	4	3.3	2.0	2.5	4	1.6	3.3	0	4	2.3	2.0	0	4	0.3	3.6	1.6
5	1.3	3.0	2.3	5	2.5	4.1	3.0	5	1.6	2.3	0	5	1.3	4.1	2.3	5	2.0	0.8	0
6	0.8	3.0	1.3	6	1.6	0.8	0	6	0.5	1.6	0	6	3.3	3.3	1.6	6	1.6	0.8	1.3
7	1.0	0.7	0.8	7	1.0	3.3	2.3	7	1.6	3.0	1	7	1.0	3.3	0	7	3.0	1.6	0
8	0.8	1.6	0.8	8	2.0	4.6	3.6	8	1.3	4.6	1.3	8	0	2.0	0	8	0.7	0	2.0
9	4.1	1.6	0	9	1.6	4.1	1.6	9	5.3	3.6	3	9	2.6	2.6	0.5	9	0.7	2	1.0
10	2.8	3.6	1.0	10	2.1	0.8	1.6	10	2.1	2.8	0	10	2	3.3	1.0	10	3.3	0.5	0.5
11	4.6	4.0	0	11	3.3	3.3	1.6	11	2.8	3.0	0	11	4.1	2.8	1.6	11	1.0	1.6	3.1
12	1.6	1.6	0.8	12	1.0	1.6	2.8	12	1.0	2.3	0	12	3.0	2.0	1.0	12	3.3	3.3	1.6
13	2.6	1.0	1.8	13	2.0	4.6	1.0	13	2.0	3.8	1.0	13	1.6	3.0	2.0	13	3.3	3.3	3.3
14	1.0	2.0	2.0	14	3.1	4.6	4.1	14	0.3	2.6	3.3	14	1.8	3.0	1.0	14	2.5	2.8	1.6
15	2.1	1.5	0	15	2.6	1.6	1.6	15	1.8	3.3	0.3	15	3.0	1.3	4.1	15	1.6	2.0	1.3
16	1.0	3.5	4.8	16	2.0	2.0	0.8	16	2.3	5.3	2.3	16	4.1	3.3	1.6	16	1.6	3.3	1.3
17	4.0	4.3	3.3	17	0.5	3.0	0.5	17	1.6	2.8	1.6	17	3.3	3.3	3.3	17	1.4	2.6	0.5
18	2.5	6.0	3.0	18	1.6	3.0	0	18	2.6	1.6	0.8	18	1.6	0.8	0	18	3.3	2.0	4.3
19	2.0	2.5	0.5	19	3.1	1.6	1.6	19	1.3	0.8	0.8	19	1.0	2.1	2.5	19	0.7	4.6	1.8
20	2.1	2.0	0.8	20	1.0	0.8	0.5	20	1.5	2.6	0	20	1.0	3.3	0.5	20	1.3	2.0	2.0
21	1.6	2.0	1.6	21	0	1.6	0.8	21	2.3	3.0	2.1	21	1.6	2.6	0.8	21	2.6	2.0	0.7
22	1.0	1.3	2.5	22	1.3	3.0	1.6	22	2.0	3.3	3.3	22	0.5	2.5	1.3	22	2.8	3.6	3.6
23	1.3	2.0	0.8	23	2.1	3.0	1.6	23	3.0	1.6	2	23	2.0	3.3	1.0	23	2.6	3.3	2.8
24	3.1	3.5	0.7	24	3.3	2.8	2.1	24	4.1	1.0	1.3	24	1.6	1.3	1.0	24	3.3	3.8	0
25	2.1	3.3	0	25	3.0	2.0	0	25	2.5	3.3	1.0	25	0.3	1.5	0	25	2.3	3.6	3.3
26	3.3	1.3	0.3	26	2.3	2.0	0	26	1.6	2.1	0	26	1.0	1.0	0	26	3.3	3.3	3.0
27	1.0	2.6	1.0	27	0.3	1.0	0	27	1.3	3.3	0	27	1.6	3.3	1.0	27	2.8	3.3	2.3
28	0.8	2.5	0	28	1.6	3.3	3.3	28	2.6	3.0	1.5	28	2.5	1.5	1.6	28	1.6	3.0	0
29	2.6	3.3	3.3	29	0.8	2.0	2.5	29	3.5	2.6	1.6	29	0	1.0	2.4	29	0	1.3	0.3
30	2.0	3.0	3.6	30	2.0	1.0	0	30	3.5	3.5	1.3	30	1.6	2.0	3.4	30	1.6	5.0	1.6
												31	2.6	3.5	0	31	1.0	3.3	2.3

56

February 2008				March 2008				April 2008				May 2008				June 2008		
Day	m\s 9:00	m\s 3:00 pm	m\s 9:00 pm	Day	m\s 9:00	m\s 3:00 pm	m\s 9:00 pm	Day	m\s 9:00	m\s 3:00 pm	m\s 9:00 pm	Day	m\s 9:00	m\s 3:00 pm	m\s 9:00 pm	Day	m\s 9:00	m\s 3:00 pm	m\s 9:00 pm
1	1.6	2	1.0	1	0	3.3	0	1	0.3	2.1	0	1	1.8	2.1	0.7	1	0.7	2.1	0
2	1.0	3.0	0	2	1.0	2.6	0	2	0.8	1.3	1.0	2	2.5	5.0	0.5	2	2.3	2.0	2.0
3	0.3	3.3	2.6	3	1.6	2	1.6	3	0.5	1.0	1.3	3	4.0	5.0	1.0	3	2.5	2.8	1.0
4	0.3	1.6	0.5	4	1.6	2.6	1.3	4	0	1.6	0	4	0	1.3	0	4	2.3	2.8	0
5	0.3	1.6	1.0	5	2.0	3.0	0	5	0.5	1.6	0.5	5	1.0	2.0	0	5	0	0.7	0
6	1.0	3.3	1.0	6	0	3.0	0.7	6	0.5	0.5	0	6	0	1.6	0	6	0	1.0	0.5
7	2.0	2.3	0.3	7	0	1.0	0	7	0	3.3	0	7	0	1.3	0	7	1.3	2.0	2.0
8	2.0	1.6	1.3	8	0.5	2.1	0	8	1.6	1.6	0	8	0	2.5	1.3	8	2	1.6	0
9	0.3	0.5	1.3	9	1.6	1.6	2.3	9	0.7	0.5	0	9	1.0	2.3	0	9	1.5	2.0	3.0
10	1.3	2.5	1.6	10	0	1.6	1.0	10	2.1	1.6	0	10	1.5	3.1	0.8	10	2.5	3.0	0
11	2.5	2.5	0.5	11	3.0	1.6	1.6	11	0	2.3	3	11	2.6	3.3	1.8	11	0	1.3	0
12	1.0	2.1	1.3	12	3.3	2.5	0	12	2.0	3.8	2	12	1.6	2.1	1.5	12	0	0.5	0.8
13	0.8	2.0	0	13	1.3	3.6	0.8	13	3.1	4.6	0	13	0.8	2.1	0	13	0.8	1.0	0
14	1.3	2.1	0.7	14	1.6	2.6	1.0	14	2.5	3.0	0.5	14	0.5	2.5	0	14	0.5	2.5	2.3
15	2.5	1.6	1.0	15	2.3	3.0	0	15	0.8	2.0	0	15	0	1.3	0.7	15	2.1	2.5	1.6
16	1.0	2.0	1.0	16	2.0	3.3	0.5	16	1.3	0.8	0	16	0	2.5	0	16	0	1.6	0
17	0.3	3.3	1.0	17	1.6	2.5	0.7	17	1.3	1.0	0	17	1.3	1.6	0	17	0	1.6	0.8
18	1.6	3.0	1.0	18	0.8	1.6	1.3	18	0.5	3.0	1.3	18	0	1.3	1.0	18	0	1.3	1.3
19	2.0	5.0	2.0	19	2.0	3.0	2.0	19	1.3	1.6	0.8	19	0.5	4.3	0	19	2.5	3.3	0.3
20	2.5	1.0	0	20	1.5	1.0	1.6	20	1.3	2.6	0.5	20	2.6	4.0	0	20	2.5	3.3	4.6
21	1.0	2.0	0	21	1.6	1.8	0	21	2.5	3.3	1.6	21	6.6	3.0	2.8	21	2.1	2.0	1.6
22	0.3	1.8	0.8	22	0.7	4.1	2.8	22	1.3	1.3	0	22	4.1	1.0	0	22	1.0	1.6	1.6
23	2.8	3.0	2.5	23	2.5	2.5	0.8	23	0	1.8	0	23	3.0	5.3	0.5	23	1.6	2.1	0
24	2.0	2.5	1.6	24	0.7	3.0	0.8	24	1.0	2.0	0	24	2.5	3	1.6	24	1.6	3.3	2
25	2.5	2.0	2.5	25	2.6	3.3	1.5	25	0	1.6	1.3	25	1.0	1	0.5	25	1.6	2.3	0
26	3.3	3.3	1.3	26	1.3	1.6	0.3	26	0.7	2.5	0.3	26	0.8	2.8	1.6	26	1.8	0.4	0.5
27	2.1	1.3	0	27	2.6	2.6	0.3	27	0.8	1.6	2.0	27	1.0	2.6	1.0	27	1.6	0.8	0.8
28	1	2.1	2.1	28	1.6	3.3	2.1	28	2.5	2.5	2.1	28	1.6	2.3	0.3	28	2.6	0.8	0
				29	1.6	3.0	2.5	29	1.6	3.0	0.3	29	0.5	1.6	1.3	29	1.3	1.6	0
				30	3	4.6	3	30	1.3	1.6	0	30	0.8	1.6	0.7	30	1.0	1.0	1.0
												31	0.7	1.6	0.7				

	July 2008				August 2008				September		
Day	m\s 9:00	m\s 3:00 pm	m\s 9:00 pm	Day	m\s 9:00	m\s 3:00 pm	m\s 9:00 pm	Day	m\s 9:00	m\s 3:00 pm	m\s 9:00 pm
1	1.6	2.6	0.5	1	1.0	2.5	2.0	1	3.0	2.0	1.5
2	1.6	2.1	2.0	2	1.6	2.0	0	2	5.3	6.6	5.8
3	1.3	1.6	1.6	3	2.0	0.8	0	3	1.6	3.0	4.6
4	1.3	2.0	1.0	4	0	2.3	0.5	4	3.5	2.6	2.8
5	2.	1.6	1.0	5	1.6	2.6	0	5	5.0	3.3	3.3
6	0.8	3.3	0	6	2.0	2.1	1.0	6	1,6	3.0	3.6
7	1.0	1.3	1.3	7	0	3.0	1.6	7	1,6	0,3	0
8	0.8	1.3	0	8	0.5	3.3	1.6	8	0.3	3.3	1.6
9	1.6	3.3	1.0	9	2.0	3.0	1.3	9	3.0	2.0	0.8
10	0	1.8	0.8	10	1.3	1.0	0	10	0	0.8	0.8
11	0.7	3.0	0.3	11	4.5	2.6	3.3	11	1.6	1.6	1.0
12	3.6	4.6	0.5	12	0	0	1.6	12	1,6	3,1	0
13	4.5	3.3	0	13	1.6	2.5	1.3	13	0.5	2.5	0
14	0	1.3	0	14	2.3	2.5	1.6	14	0.8	2.3	0
15	1.3	3.3	0.5	15	2.1	2.1	0	15	1.6	1.6	0
16	3.0	4.1	0	16	2.0	3.3	5.0	16	2.0	3.6	1.6
17	1.6	5.0	0.7	17	1.0	2.0	0.5	17	3.0	3.8	1.6
18	0	2.0	1.3	18	2.5	1.6	2.6	18	2.3	3.0	3.1
19	1.6	3.6	4.3	19	3.0	3.0	2.6	19	2.0	3.3	0.5
20	3.0	2.6	2.6	20	0.5	0.3	0	20	1.0	0.5	0
21	2.5	3.0	3.0	21	1.0	2.8	1.6	21	2.6	2.6	1.0
22	2.5	3.3	1.6	22	1.6	3.0	0	22	3.0	2.0	2.6
23	0	0.8	1.5	23	2.6	5.0	3.3	23	2.1	3.1	3.3
24	1.0	1.6	0.7	24	1.8	0.8	0	24	2.6	3.0	2.0
25	0	1.0	0	25	0	1.0	0	25	1.8	3.3	1.3
26	1.6	3.3	1.3	26	1.5	3.1	1.0	26	1.6	3.0	1.0
27	1.6	0.3	0	27	1.6	2.6	3.3	27	3.0	3.0	3.3
28	1.0	1.3	3	28	2.6	2.6	3.3	28	3.0	3.3	2.1
29	3.6	3.6	4.8	29	2.0	2.5	0.5	29	0.5	1.5	2.3
30	1.6	1.6	0	30	0	1.6	0	30	1.3	0.5	0
31	1.0	1.6	0	31	3.0	3.0	1.3				

Anexo 4.

Tabela. Custo de implantação de um Km de energia eléctrica.

Construction costs forecast of electric network single-phase 15 KV CLASS-1000 M					
Item	Description	Quant	Pcs	Val. Unit R$	Val. Unit R$
1	Square washer 18 mm hole	21	Pcs	4.50	94.50
2	Top pin	14	Pcs	10.00	140.00
3	Square head bolt m 16 x×350 mm	10	Pcs	8.00	80.00
4	Post insulator 15 kv	10	Pcs	55.00	550.00
5	Wood pole 11 m	6	Pcs	260.00	1,560.00
6	Wood post 12 m	4	Pcs	290.00	1,160.00
7	Eyelet hook	6	Pcs	3.20	19.20
8	Manila-sneaker	6	Pcs	4.60	27.60
9	Screw grommet	6	Pcs	4.30	25.80
10	Handle pre-formed ca 4awg cables	4	Pcs	12.00	48.00
11	Square head bolt m 16×250 mm	5	Pcs	6.50	32.50
12	Polymeric insulator anchoring 15kv	6	Pcs	49.00	294.00
13	10 kva single-phase transformer	1	Pcs	2,180.00	2,180.00
14	Lightning rod 15 kv/10kaa higher stresses	1	Pcs	298.00	298.00
15	Fusel load buster base key "c" 15kv	1	Pcs	85.00	85.00
16	T-bar	1	Pcs	32.00	32.00
17	Square head bolt m 16×450 mm	2	Pcs	16.00	32.00
18	Live online clip	1	Pcs	23.00	23.00
19	Copper cable 1×35mm² BWF 70 °C 0.6/1kv	2	M	18.00	36.00
20	Rod land circular compose 2400 mm	6	Pcs	15.00	90.00
21	Naked 6awg copper wire temp middle-hard	4	Kg	26.00	104.00
22	Aterr connector. P/rod copper dn 13 mm	8	Pcs	12.00	96.00
23	Wooden trough for grounding	2	Pcs	15.00	30.00
24	Nail	0.2	Kg	8.00	1.60
25	About clip	0.1	Kg	8.00	0.80
26	50 mm square washer	12	Pcs	4.00	48.00
27	Sneaker	4	Pcs	5.00	20.00
28	STRAND of 9.53 MM STEEL	40	M	3.00	120.00
29	Anchor clevis rod m16×1800 mm	4	Pcs	17.00	68.00
30	Square head bolt M 16×125 mm	4	Pcs	9.00	36.00
31	Pre formed to handle stand	12	Pcs	7.50	90.00
32	Fixer pre formed for jib	4	Pcs	5.00	20.00
33	Tora wood 1000 mm	4	Pcs	18.00	72.00
34	Brown insulator	4	Pcs	6.00	24.00
35	Ca 4 awg cable	85.4	Kg	13.00	1,110.20
				Total value of material	8,648.20
				Labor value	4,324.10
				Total value	12,972.30

Resumo

A fonte de energia eólica é uma das mais antigas que se conhece. Este tipo de energia, assim como a energia solar fotovoltaica, é classificada como renovável. A energia eólica pode ser utilizada pelo ser humano em actividades que exigem grandes esforços mecânicos, tais como: navegação, processamento de produtos agrícolas, bombeamento de água através de indicadores eólicos, bem como bombeamento de água através da utilização de sistemas fotovoltaicos. O interesse pelas energias limpas reduziu-se tecnologicamente devido ao surgimento de novas tecnologias, como as hidráulicas, térmicas e nucleares, que apresentam vantagens interessantes, como maior facilidade de controlo, maior acesso e menor custo no processamento. No entanto, elas podem causar danos ambientais e se mostram incapazes de atender à crescente demanda energética. Neste livro, pretende-se desenvolver dois sistemas de irrigação em baixa pressão, na fruticultura. Um sistema eólico é constituído por um aerogerador de pás múltiplas, indicador de vento Savonius e respectivas bombas, e outro sistema fotovoltaico é constituído por bombas e um painel fotovoltaico. No sistema fotovoltaico, o volume bombeado foi de cerca de 5000 m^3 /h, e no sistema eólico o volume bombeado foi de 6 m^3 /h aproximadamente. Os conjuntos eólicos mostraram baixa eficiência se comparados com os sistemas fotovoltaicos que se mostraram mais eficientes.

yes **I want** morebooks!

Buy your books fast and straightforward online - at one of world's fastest growing online book stores! Environmentally sound due to Print-on-Demand technologies.

Buy your books online at
www.morebooks.shop

Compre os seus livros mais rápido e diretamente na internet, em uma das livrarias on-line com o maior crescimento no mundo! Produção que protege o meio ambiente através das tecnologias de impressão sob demanda.

Compre os seus livros on-line em
www.morebooks.shop

Printed by Books on Demand GmbH, Norderstedt / Germany